广西全民阅读书系

广西全民阅读书系

莫志明　许贵林　胡宝清
黄胜敏　郝秀东
郭丽莎　改编　吴尔江　编著

北部湾

中学版

广西出版传媒集团　　广西科学技术出版社

图书在版编目（CIP）数据

北部湾 / 莫志明等编著；郭丽莎改编 . —— 南宁：广西科学技术
出版社，2025.4. —— ISBN 978-7-5551-2463-4

Ⅰ . P722.7

中国国家版本馆 CIP 数据核字第 2025 M 1 K 790 号

BEIBU WAN
北部湾

总 策 划　利来友

监　　制　黄敏娴　赖铭洪
责任编辑　张　珂　覃　艳
责任校对　吴书丽
装帧设计　李彦媛　黄妙婕　杨若媛　梁　良
责任印制　陆　弟

出 版 人　岑　刚
出　　版　广西科学技术出版社
　　　　　广西南宁市东葛路66号　邮政编码 530023
发行电话　0771-5842790
印　　装　广西民族印刷包装集团有限公司
开　　本　710 mm × 1030 mm　1 / 16
印　　张　7.5
字　　数　108 千字
版次印次　2025 年 4 月第 1 版　　2025 年 4 月第 1 次印刷
书　　号　ISBN 978-7-5551-2463-4
定　　价　29.80 元

内心深处的声音

我的家乡是钦州。虽然大学毕业后，我就在他乡工作、生活，但家乡是我人生画卷中永恒的底色，家乡的语言也一直是我内心最深处的声音。不管是遇到困难，还是碰见惊喜，我总是用家乡话在心底喃喃自语。那是一种遥远而熟悉的声音，它带着稻香的芬芳，伴着炊烟的缭绕，在心底最柔软的地方回荡，让我心安。

在生活中，我很少有机会听到或说起家乡话。所以，当读到《北部湾》原著，我倍感亲切的同时，家乡话也自然而然地在心底响起："呢本书，系一本描写家乡嘅书（白话）！"尤其是读到描写钦州的部分时，我竟恍若回到了家乡。那熟悉的土坡、植物、气候和海滨，每一处描述都让我感到无比温暖。所以，将《北部湾》这本书改编成青少年科普读物，对我来说，就像是回了一趟家乡，而且这一趟回乡，让我对家乡以及家乡的周围有了更深层次的认识。

《北部湾》原著写得非常专业，知识面也非常广。从千万年前的地壳运动，到今天的经济区建设；从地面的植物，到海底的生物；从气候成因，到生态保护等，涵盖了北部湾的地理位置、历史变迁、经济文化、风土人情、动植物种类，可谓面面俱到、一应俱全。它连接着北部湾的过去和现在，承载着北部湾人民的情感与记忆，是了解、感受北部湾的重要途径。但由于我个人的水平有限，且书中的专业术语比较多，作为"门外汉"的我，阅读起来不仅吃力，而且对一些专业术语也不甚了解。改编不像创作诗歌、散文、小说等文体那样，可以由作者发挥，它必须根植于原著，而且要吃透其内容，在原有的框架和基础上再创作，既要保留原作的精髓，又要将其简化到青少年能够理解的程度，就像为《北部湾》这本书穿上一件青少年喜欢的衣裳一样，让它以全新的面貌呈现给读者朋友们。

面对这样的难题，正当我想打退堂鼓的时候，心底的家乡话又响起了："唔怕、唔怕，慢慢嚟（白话）。"简简单单的一句话，顿时让我坚定了改编的信心和勇气。于是，我边读边查，在阅读原著过程中，遇到不理解的内容或碰到不懂的专业术语时，就查阅相关资料，先把整本书读个通透。然后再发挥想象力，重新给每个章节和小节定一个吸引孩子眼球的标题，增加整本书的趣味性。例如，把第一章的"北部湾形成的地质原因"改成"用6600万年绘就的美丽画卷"，把第四章的四大气象灾害比喻成"四大怪兽"等。整体框架定好后，再逐字逐句地改，把专业的地理知识、复杂的历史信息、经济发展的脉络等内容转化成适合青少年阅读的语言，让孩子们在轻松阅读中获得相关的知识。

改编后的《北部湾》更加符合青少年的阅读习惯，更加符合孩子的认知水平，它为青少年架起了一座通往原著的桥梁，让孩子们既能看得明白，又能读得津津有味。书中神奇的地壳运动、优美的自然风光、绚丽的海底世界，就像是给孩子们量身定做的一扇扇天窗，打开它们，就是打开一个个奇妙的世界。

希望读者朋友们，通过这本书认识北部湾、熟悉北部湾、走进北部湾，它会带给你不一样的体验。

郭丽莎

目 录

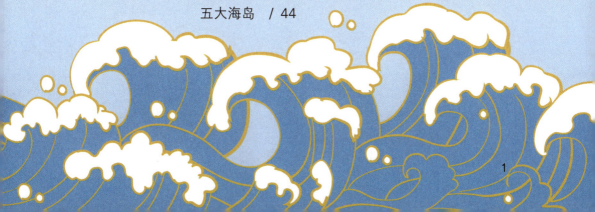

用 6600 万年绘就的美丽画卷

神奇的北部湾，是南海西部边缘一颗璀璨的明珠。千万年来，北部湾受地质构造及地壳运动的影响，总是在不断演化，有时它是陆地，有时它是海滨，有时它是海岛……北部湾地区地质板块是怎样演化的？其海岸线是如何变迁的？让我们走进北部湾，一起探究它的前世今生！

神奇的地壳运动

美丽的风景从来都不是一蹴而就的，而是在漫长的地质演化过程中，几经沉浮变迁才形成的，北部湾也是如此。

从地质的板块构造来看，北部湾处在华南块体的南端、太平洋构造带与古地中海—喜马拉雅构造带的复合部位，这个位置的地壳活动非常频繁，先后经历了7个活动时期和19次构造运动。

北部湾是一个典型的南海大陆架沉积盆地，主要由处于板块俯冲、碰撞和拉张作用控制下的海西–印支褶皱带发育形成。它在地质构造的演化上有两个明显的特点，那就是早期张裂和晚期裂后热沉降。早期张裂阶段可分为三期：第一期张裂开始于古新世（距今6600万～5600万年），受南海扩张的影响，基底的地质重新活动起来，不停地断裂，从而形成了一个盆地，也就是北部湾盆地最开始的样子；第二期张裂发生在始新世（距今5600万～3400万年），在前期张裂的基础上，北部湾盆地继续断裂，而且湖水的平面逐渐扩大，水体不断加深；第三期张裂开始

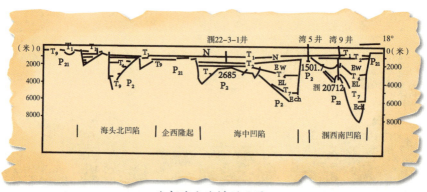

北部湾盆地横剖面图

于始新世末至渐新世（距今 3400 万～2300 万年），这一次它的底部先抬升起来，后面才慢慢张裂。每一次张裂，盆地都会一层层地填充沉积物。新近纪（距今 2300 万～260 万年），北部湾盆地进入裂后热沉降时期，也就是整个盆地不断下沉。后来，菲律宾海板块发生逆时针旋转，在南海北部形成压扭应力场，北部湾盆地被挤压反转，整个盆底坳陷下沉，海水侵入。

第四纪是北部湾构造演化最明显的阶段。刚开始，北部湾北部边缘的海水开始退去，陆地遭到风化剥蚀，涠洲岛、斜阳岛有小规模火山喷发。后来，北部湾地壳重新下降，海洋盆地扩大。此后，北部湾地区发生了几次大规模的地幔热柱上升事件，在多次喷发及随后的海洋抬升后，留下了千姿百态的火山熔岩、火山灰、火山弹以及海蚀崖、海蚀洞、海蚀平台，那一面面崖壁上经火山爆发的烧灼和挤压留下的奇形怪状的线条、色彩绚丽的岩纹和多姿多彩的海蚀与海积地貌随处可见。在晚更新世（距今 12.9 万年～1 万年）期间，受海平面下降影响，全球发生大规模海水下退事件，北部湾盆地也不例外，大陆架的陆地慢慢露出水面，与岛屿连成一片，一些哺乳动物和人类从陆地迁移到岛屿上生活。随后

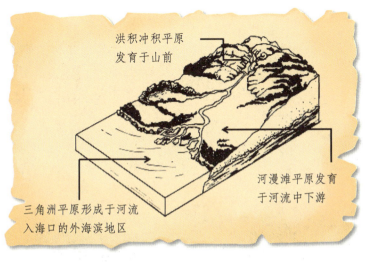

北部湾入海口河流阶地示意图

北部湾海岛

的一万多年，北部湾盆地上的海水又经历了几次退去，越来越多的陆地露出水面，形成北部湾如今的格局。

现在的北部湾三面被陆地和岛屿环绕，海湾就像字母 U 一样。据统计，北部湾沿岸有 200 多条河流流入大海里。其中，我国的主要河流有广西的南流江、大风江、北仑河、茅岭江和钦江以及海南的昌化江、珠碧江等，越南的主要有红河、马江和兰江等。

神秘的海岸变迁

海岸线是海洋与陆地的分界线，是海洋、陆地、大气等自然环境相互作用的前沿，包括大陆海岸线和岛屿海岸线。第四纪（距今 258 万年）期间，北部湾的海岸线就像被大自然一股神秘的力量操纵着，呈现出错综复杂的变化。一开始，北部湾的海岸线分布于涠洲岛与现今大陆海岸之间，后来海岸线又变迁到合浦及北海等地，成为北海组陆地一侧的边缘界线，最后北部湾的海岸线又变迁到钦州湾以西，为江平组陆地一侧的边缘界线。随着时间的推移，钦州湾的海岸线迁移到钦州—百色大断裂及合浦—岑溪大断裂两大断裂交点以北。随着大规模的海水入侵，北部湾沿岸断断续续又发生了几次迁移，防城港市大坪坡、樟木、天堂坡以及北海市涠洲岛形成了海滩，并逐渐形成了现在的海岸线。广西的大陆海岸线东起合浦县洗米河口，西至中越交界的北仑河口。据 2018 年统计，广西海岸线长 1628.59 千米，岛屿海岸线长 550.68 千米。

如今，神奇美丽的北部湾已是南海西部边缘一颗璀璨夺目的明珠，它四季如春、风景如画、美丽富饶，这幅用 6600 万年绘就的美丽画卷，正在祖国南部绽放魅力。

世界地理格局中的北部湾

北部湾，作为中国南海西北部的一个半封闭海湾，自古以来就是海上交通的要冲。早在汉唐时期，北部湾便是古代海上丝绸之路的重要节点，商船穿梭其间，载着丝绸、瓷器、香料，连接着东西方文明。这里不仅是贸易的桥梁，更是文化交流的纽带，见证了古代中国与东南亚地区乃至更远地区的友好往来。

什么是北部湾?

　　北部湾,位于我国南海的西北部,东临我国的雷州半岛和海南岛,北临我国广西壮族自治区陆地辖区,西临越南,南与南海其他海域相连,是我国最大的一个半封闭的海湾,海域总面积约 12.8 万平方千米。这个美丽的海湾被中越两国的陆地和中国海南岛环抱,形成一个半封闭的海湾。北部湾不仅是南海西北部的一个富饶海湾,更是中国西南地区对外开放的重要门户,是中国西南地区最便捷的出海通道。

　　2008 年 1 月 16 日,国家正式批复《广西北部湾经济区发展规划》(以下简称《规划》),并于同年 2 月正式发布实施。这是党中央、国务院深入全面实施西部大开发战略、完善区域经济布局、促进全国区域协调发展和开放合作而作出的重大决策。《规划》明确了广西北部湾经济区的功能定位,开放开发的任务、重点和方向。提出以面向东盟合作和服务"三南"(西南、华南和中南)为支点,把构建国际大通道和"三基地一中心"(物流基地、商贸基地、加工制造基地和信息交流中心)作为核心内容,把广西北部湾经济区建设成为带动、支撑西部大开发的战略高地和重要国际区域经济合作区的发展战略目标。

北部湾的千年演进之路

　　在古代,传闻广西是一个神秘、荒芜的地方。因此在封建社会,广西成为贬官流放的主要地区之一。然而，世世代代的广西人民，克服了恶劣的自然条件，与深山大海斗争共存，一步步走向了现代文明。

"日啖荔枝三百颗，不辞长作岭南人。"想必大家对苏轼的这两句诗并不陌生，那么诗中的"岭南"是指什么地方呢？

其实，从先秦时期开始，现在的越南和我国浙江、福建、江西、广东、广西、海南、香港、澳门等地方，统一叫作"岭南百越"。其中，广西是岭南百越中的西瓯（西越）部族、骆越部族的主要聚居地。当时，岭南一带已经有人开始出海做买卖了，但较大规模的海外贸易是从秦汉时期的海上丝绸之路开始的。那时，我国南方兴起了一条海上对外贸易的路线——海上丝绸之路，而北部湾地区的合浦等地，就是海上丝绸之路的重要始发港。

"合浦"的意思是江河汇集于海的地方。汉元鼎六年（公元前111年）开始设立合浦郡。汉代初期，社会安定，经济繁荣，尤其是从汉武帝开始，向海外国家发展贸易，促进中国与东南亚及印度洋沿岸国家之间海上航路的发展。班固在《汉书·地理志》中记述了汉朝使节访问东

合浦汉代文化博物馆

南亚、南亚一些国家的航程，表明我国在西汉时期就已经与东南亚和南亚地区建立了海上交通。这是我国与东南亚和南亚地区海路交通的最早记录，也是我国海船经南海，穿过马六甲海峡进入印度洋航行的真实写照。在北海的合浦汉代文化博物馆里，收藏有一批汉代出土的文物，包括陶器、金银器、玉器、水晶、玛瑙、玻璃器、瓷器等，这些文物直接或间接地反映了当时海上丝绸之路的繁华景象。

战国后期，秦始皇统一了中国，建立第一个封建王朝，北部湾地区开始纳入中央政府的管辖。秦始皇三十三年（公元前214年），设立桂林、象、南海3个郡，南宁所在的区域在当时属桂林郡管辖，北海、钦州、防城港所在区域属象郡管辖。秦朝灭亡后，进入汉朝时期，赵佗起兵叛乱，吞并桂林郡和象郡，自称"南越武王"。后来，汉朝发兵平定叛乱，整个岭南地区被纳入大汉王朝的版图。

汉末三国时期，广西北部湾地区属吴国管辖。钦州最早建制于南朝末年，南北朝宋代时期置末寿郡，梁代设安州；唐贞观八年（634年），设邕州都督府，这就是南宁简称"邕"的由来。隋唐时期，北部湾地区经济社会得到了很大的发展。到了宋朝，广西大部分区域属广南西路管辖，简称"广西路"，这就是"广西"之名的由来。

元朝初年，北部湾地区归湖广行中书省管辖，邕州路改为南宁路，取"南疆安宁"之义，南宁因此得名。

明朝时期，设广西承宣布政使司，"广西"的名称由此固定下来。明朝实行海禁政策，严格限制民间贸易，严禁船只出海，但特许合浦等地开采珍珠。合浦的珍珠城就是当时专门管理珍珠生产的机构。该地历代盛产珍珠，质优色丽，以"南珠"闻名于世。

清康熙元年（1662年），设立北海镇标（军事建制），驻北海，这是官方使用"北海"作为地名的最早记载。乾隆年间，北海作为贸易港口逐步兴起，至清末正式开埠，成为通商口岸。

20世纪初，中国处于军阀割据、战乱不断的局面。在这个时期，关于北部湾的发展不得不提及近代伟大的革命先行者孙中山先生。他指出：在钦州出海，比在广州出海近，可以节约很多运费，对于发展经济非常有利。孙中山先生还规划了中国沿海的一系列港口，除广州港外，南方港口中只有钦州港为二等港，钦州因此被称为"南方第二大港"。但由于当时国家积贫积弱、战火纷飞，没有财力、物力、人力来支持钦州建设海港。

中华人民共和国成立后，北部湾地区开始加速发展。1965 年 6 月 26 日，国务院将广东的北海市、合浦县、灵山县、钦州县、东兴县划归广西管辖，设立钦州地区行政专员公署。从此，广西由内陆省区转变为沿海省区。

1984 年 4 月，国务院批准北海（含防城港）为首批 14 个沿海开放城市之一，北部湾地区迎来了新的发展机遇。1985 年 3 月，广西壮族自治区党委、政府批准成立中共防城港区工作委员会和防城港区管理委员会。1992 年，邓小平南方谈话发表后，广西积极贯彻党中央和国务院的战略决策和部署，联合西南各省市共建西南地区的出海通道。21 世纪初，国家高度重视北部湾地区的开发开放，北部湾迎来了千载难逢的历史机遇。2004 年，中国—东盟博览会永久落户南宁，北部湾地区由此迎来新世纪对外开放的新发展机遇。

北部湾的经济发展

海湾是人们从事海洋经济活动和发展旅游业的重要基地。世界上有很多大大小小的海湾，主要分布在北美洲、欧洲和亚洲。世界上最大的十个海湾分别是孟加拉湾、墨西哥湾、几内亚湾、阿拉斯加湾、哈得孙湾、巴芬湾、大澳大利亚湾、卡奔塔利亚湾、泰国湾、波斯湾。这些海湾的面积都在 20 万平方千米以上。因为所处的地理位置不同，受不同洋流和气候的影响，所以它们各具特点，发展的经济也各不相同。

虽然北部湾没有列入世界十大海湾，但它却是中国面积最大的海湾。碧波荡漾、风景如画的北部湾连接中国、越南两个国家，并通过南海与马来西亚、印度尼西亚等东盟国家海陆相通，同时又与孟加拉湾、泰国湾的地理位置接近。

广西是全国唯一与东盟国家海陆相连的省区，钦州、防城港、北海经常和东盟国家进行经济合作，而北部湾港也是西南地区最便捷的出海通道。这些优势，使广西在海上丝绸之路的建设中，特别是与东盟国家的合作中，具有不可替代的地位和作用。北部湾充分依托地缘优势、港口优势、海洋资源优势、人文优势以及中国—东盟自由贸易区平台优势，串联起南亚、西亚、北非、欧洲等经济板块，作为共建"一带一路"的重要组成部分，北部湾担负着谱写 21 世纪海上丝绸之路新篇章的伟大使命。

在这里，普及一下什么是"一带一路"，什么是"中国—东盟自由贸易区"，什么是"泛北部湾经济区"。

"一带一路"是"丝绸之路经济带"和"21 世纪海上丝绸之路"的简称，2013 年 9 月和 10 月中国国家主席习近平先后提出共建"丝绸之路经济带"和"21 世纪海上丝绸之路"。

中国—东盟自由贸易区是中国与东盟十国组建的自由贸易区（简称"自贸区"），即"10+1"。它是中国对外商谈的第一个自贸区，也是东盟作为整体对外商谈的第一个自贸区。它覆盖约 1400 万平方千米土地，惠及超过 20 亿人口，是全球人口最多的自贸区，也是发展中国家间最大的自贸区。

泛北部湾经济区于 2006 年 7 月由广西壮族自治区人民政府在首届"泛北部湾经济合作论坛"中首次提出，它覆盖的区域包括中国与邻近北部湾海域的越南、马来西亚、新加坡、印度尼西亚、菲律宾和文莱等国家。这一项政策得到了中国国家领导人的肯定与支持。

其实，很久以前，中国就开始和东南亚的国家进行贸易往来了。早在西汉时期，北海的合浦县就已经是我国重要的对外开放的港口，同时也是中国最早的海上丝绸之路始发港之一。近代以来，北海、龙州、梧州、南宁先后开始发展商业经济。其中，北海发展商业经济是北部湾地区对外通道从传统格局向近代格局转变的重大节点，促进了北部湾地区的交通建设。清代的时候，外国的商品从北海运输进来，我国的商品也从北海运输出去，可见，以北海为中心的近代对外通道新格局在当时已初步形成。

1919 年，孙中山在《建国方略》中，对钦州港给予了高度的评价，认为钦州港是大西南最便捷的出海通道，并在他规划的中国海港计划中，将钦州港列为中国沿海二等港。抗日战争期间，北部湾地区的海外贸易

钦州港

一度中断。1946 年底，北海开始逐步恢复至广州、香港、澳门等地区及越南等国家的海运航线。新中国成立以后，北部湾地区的对外交通条件得到了显著改善，与国外的交往联系，不仅有海上运输，还有陆上的公路运输。但是，当时北部湾的经济还比较落后。1992 年，国家决定把广西建设成为"西南出海大通道"，才正式拉开了广西北部湾地区沿海港口建设的序幕。

进入 21 世纪，北部湾的主要港口城市——防城港市、钦州市、北海市等，与全球众多海湾地区的港口城市建立了良好的海上经济联系。这些城市港口的货物运输量一年比一年多，经济也一年比一年繁荣。

当前，北部湾经济区正积极推进与泛北部湾六国及我国其他地区的港口对接，已初步建成一个现代化的国际枢纽港群。随着国际形势变化和国家战略调整，北部湾经济圈在过去十年间迅速发展，成为面向东南亚地区及东盟国家的重要经济圈。

北部湾经济区的城市有哪些？

北部湾经济区是国家重点建设的国际区域经济合作区，由南宁市、

北海市、钦州市、防城港市、玉林市、崇左市所辖行政区域组成。2008年1月16日，国家批准实施《广西北部湾经济区发展规划》，明确提出要把广西北部湾经济区建设成为中国—东盟开放合作的物流基地、商贸基地、加工制造基地和信息交流中心，成为带动、支撑西部大开发的合作区，这是全国第一个国际区域经济合作区。2017年4月19日，习近平总书记在铁山港公用码头考察时强调，要写好海上丝绸之路新篇章，港口建设和港口经济很重要，一定要把北部湾港口建设好、管理好、运营好，以一流的设施、一流的技术、一流的管理、一流的服务，为广西的发展、为共建"一带一路"、为扩大开放合作多作贡献。

下面，我们就来认识其中的几座城市吧！

一座非常适合居住的城市——南宁

南宁是广西壮族自治区的首府，是广西政治、经济、交通、科技、教育、文化、卫生、金融和信息中心，是中国面向东盟开放合作的前沿城市，也是中国—东盟博览会永久举办地。

南宁是一座历史悠久的文化古城，始建于东晋大兴元年（318年），当时称为晋兴郡，为郡治所在地；唐朝贞观年间，更名邕州，设邕州都督府。南宁地处亚热带，位于北回归线以南，所以这里的树木四季常青，

"绿城"南宁

有"绿城"的美誉。这里空气非常好，非常适合居住。

南宁面向东南亚，背靠大西南，东邻粤港澳，南临北部湾，西接中南半岛，处于泛北部湾、泛珠三角和大西南三个经济圈的结合部，是大西南出海通道的枢纽城市，也是中国与东盟合作的前沿城市，具有明显的区位优势。

改革开放以来，南宁市区及周边重点开发区依靠区位优势，发挥首府中心城市作用，重点发展高技术产业、加工制造业、商贸业和金融、会展、物流等现代服务业，建设保税中心，成为中国与东盟合作的区域性国际城市、综合交通枢纽和信息交流中心。近年来，南宁市主动融入国家对外开放和区域发展战略，成功举办多届中国—东盟博览会、中国—东盟商务与投资峰会，并积极参与共建"一带一路"、中国—东盟自由贸易区升级版、珠江–西江经济带的开发建设，区域影响力和城市国际化程度不断提高。

一颗璀璨的明珠——北海

北海市位于广西壮族自治区南端，东邻广东，南与海南隔海相望。北海历史悠久，文化底蕴深厚，是古代海上丝绸之路的重要始发港，是国家历史文化名城，也是广西北部湾经济区的重要组成城市。北海市的海岸线约669千米。北海市辖区以及涠洲岛、斜阳岛周边毗邻的海域面积约2万平方千米，拥有约500平方千米的滩涂。北海银滩海域的海水纯净，陆岸植被丰富，环境幽雅宁静，空气格外清新，是中国南方最理想的滨海浴场和海上运动场所。

北海市区位优势突出，地处华南经济圈、西南经济圈和东盟经济圈的结合部，处于泛北部湾经济合作区域结合部的中心位置，是中国西部地区唯一入选全国首批14个对外开放沿海城市的城市，也是中国西部唯一同时拥有深水海港、全天候机场、高速铁路和高速公路的城市。北海

北海银滩风景区

市拥有丰富的港口、渔业、旅游、滩涂、海岛、海洋能源、海洋矿产等资源。2017 年 4 月 19 日，习近平总书记在北海市考察时提出"打造好向海经济"，让北海这个古老的海上丝绸之路始发港焕发新的生机与希望。北海市也因此充分发挥区位、资源、产业及文化优势，加快发展海洋生态、海洋科技、海洋产业升级，发展海洋新兴产业。同时，积极与越南、柬埔寨、印度尼西亚、泰国等东盟国家在旅游、文化、产业等方面合作，共同推进共建"一带一路"。

"海豚之乡"——钦州

钦州市位于北部湾经济区的核心区域，是西南地区最便捷的出海通道。钦州历史悠久、文化深厚，古称安州。隋开皇十八年（598年）易名为钦州，意思是"钦顺之义"，之后一直沿用此名。

钦州海岸线长约563千米。而广义上的钦州湾，东起合浦县的英罗港，西至防城港市的北仑河口，这里的海洋资源十分丰富，海域内阳光充足，水温适宜，适合各种鱼类和其他海洋生物的繁殖与生长。此外，钦州湾还是有名的"海豚之乡"，因为那里是中华白海豚的主要栖息地之一。每年的4～5月和7～10月，在海面上可以看到海豚跳跃、翻滚，非常壮观。

钦州市是海上丝绸之路的重要节点城市和北部湾沿海区域的中心城市。近年来，钦州市不断加大海洋经济建设力度，深化与东盟国家的海洋产业合作，积极参与中国—东盟海上合作试验区、中国—东盟海洋经济示范区建设，推进钦州市向海发展。

钦州湾的中华白海豚

"白鹭之乡"——防城港

　　防城港市地处广西壮族自治区南部，位于中国大陆海岸线的西南端、北回归线以南，北接南宁市的邕宁区和崇左市的扶绥县，东与钦州市毗邻，西与宁明县接壤，南濒北部湾，西南与越南交界。防城港市是北部湾畔重要的全海景生态海湾城市，被誉为"西南门户，边陲明珠"，是中国氧都、中国金花茶之乡、中国白鹭之乡、中国长寿之乡、广西第二大侨乡。

　　从历史上来看，防城港市是从防城、上思两个县演变而来的，隋唐以前防城和上思一直是钦州管辖，到清光绪十四年（1888 年）才划出钦州西部设防城县，归广东省管。防城港市依港而建，因港得名，先建港，后建市。1968 年 3 月，防城港当时作为援越抗美海上隐蔽运输航线的主要起运港启动建设。1993 年 5 月 23 日，国务院批准撤销防城各族自治

防城港的白鹭

县和防城港区，设立防城港市（地级）。

防城港市管辖海域面积近 1 万平方千米，大陆海岸线长约 539 千米，占广西大陆海岸线的三分之一。它的海岸线东起防城区的茅岭镇，中间隔着钦州龙门岛，经港口区的企沙、光坡两镇，防城区的防城镇、江山镇，东兴市的江平镇，西至东兴市东兴镇北仑河口止。防城港市岛屿海岸线长约 158 千米，主要分布在港口区的光坡、企沙两镇。

防城港市是中国少数与东盟国家海、陆、河相连的门户城市，是中国内陆腹地进入东盟最便捷的主门户、大通道。它与越南的国家级口岸经济区芒街市仅一河之隔，拥有四个国家级口岸，其中东兴口岸是我国陆路边境第一大口岸，也是沿海主要出入境口岸之一。此外，防城港市还拥有西部第一大港——防城港。

现在，防城港市依托东兴国家重点开放试验区、中越跨境经济合作区等平台，正加快构建面向国内外的开放合作新格局，推动城市向美丽富饶的海湾城市迈进。

南药香都——玉林

玉林地处桂东南，毗邻粤港澳，是粤港澳大湾区和北部湾经济区"两湾"联动发展的重要支点，是西部陆海新通道重要物流节点城市。

玉林古称鬱林，西汉元鼎六年（公元前 111 年）开始设鬱林郡，至今已有 2000 多年州郡史，1958 年更名为玉林，寓意"岭南美玉，胜景如林"。玉林市总面积 1.28 万平方千米，是广西第二人口大市。

玉林是古代陆上丝绸之路和海上丝绸之路的重要连接点，自古商贾云集，南来北往，素有"千年商埠""岭南都会"的美誉。玉林地理位置优越，商贸物流繁荣，农业发达，是全国著名的荔枝之乡、桂圆之乡、沙田柚之乡、百香果之乡、三黄鸡之乡。尤其是中药材和香料种植面积超过 380 万亩，其中沉香种植面积为广西第一，被誉为"中国南方药

玉林著名香料——肉桂、八角

都""南国香都"，是全国最大的香料集散地、交易中心、定价中心。改革开放以来，玉林逐渐成为广西的重要工业基地、全国最大的内燃机生产基地、日用陶瓷生产出口基地，培育了玉柴机器、玉林制药、三环陶瓷、南方食品等知名品牌。

玉林，地处两广丘陵的桂东南丘陵区，以其独特的地貌著称。这里，三山两江（大容山、云开大山、六万大山，以及南流江、北流江）构成了主要的自然景观。丹霞地貌的艳丽、喀斯特地貌的绮丽，以及花岗岩地貌的厚重，绘就了一幅幅壮美的画卷。而亚热带季风气候带来的夏长冬短特点，则为这片土地增添了别样的风情。

当前，玉林积极融入国内国际双循环新发展格局，主动对接融入粤港澳大湾区、西部陆海新通道等国家战略，重实效、强实干、抓落实，推动经济社会高质量发展，奋力谱写新时代壮美广西的玉林篇章。

南疆大门——崇左

崇左市地处祖国南疆，2003 年 8 月挂牌成立，是广西最年轻的设区市。全市辖五县一区一市，面积 1.73 万平方千米，2023 年末总人口 252 万人，其中壮族人口 223 万人，占全市总人口的 89%。2024 年 1 月，崇

德天瀑布

左市被命名为全国民族团结进步示范市，所辖7个县（市、区）中有1个为全国民族团结进步示范县（市），5个为自治区民族团结进步示范县（区）。

崇左是一片英雄的土地。这里曾上演许多震撼人心的"历史大剧"。秦朝岭南三郡中的象郡郡治临尘就是今天的崇左市区。"镇南关大捷"和镇南关起义均在这里发生；邓小平在这里组织和领导了龙州起义，建立了中国工农红军第八军和左江革命根据地。

崇左是一片美丽的土地。德天瀑布、友谊关、左江花山岩画文化景观等著名景区景点，与世界非物质文化遗产壮族霜降节、国家非物质文化遗产天琴艺术等独特的民族风情相结合，使诗意般的崇左成为绿色生态宜居之城和独具魅力的文化旅游长廊。

崇左是一片充满勃勃生机的土地。这里到处洋溢着奋发向上的活力。作为中国通往东盟最便捷的陆路大通道，"一带一路"的重要节点城市，崇左拥有4个国际性口岸和1个双边性口岸，是中国边境口岸最多的城市。蔗糖产量占全国五分之一，锰矿储量居全国首位，是中国最大的红木市场，进口水果总量占中国水果进口总量的近一半，各项事业蓬勃发展，展现着新的发展前景。

北部湾有着美丽的大自然

北部湾地区地貌丰富，拥有海洋、滩涂、湿地、滨海平原、丘陵、台地、山地、河流、盆地等各种各样的自然景观。接下来，让我们一起探索北部湾美丽的大自然吧！

天气有时好有时坏

北部湾的四个季节就像四个调皮活泼的孩子一样，各有不同。春天的时候，北部湾的气候比较温和，这时百花盛开、草长莺飞，非常适合出海开展渔业活动。夏天的时候，主要刮南风和西南风，海面气温高达30℃，天气非常炎热，这时候是旅游旺季，大家常常到海边游玩。秋天和春天一样，比较凉爽，适合出海开展渔业活动。冬天的时候，主要受大陆冷空气的影响，主要刮东北风，海面气温下降，相对来说较为寒冷。

北部湾地区降水量的分布特点是西部多于东部，陆地多于海面，降水丰富，干湿季明显，平均年降水量1300～1600毫米，但降水季节分配不均匀，主要集中在夏季。夏季雨量大，降水最丰富。冬季降水量少，而且蒸发量大，所以冬季是旱季。这种雨热同季的特点，使农作物在生长期间得以充分利用水分和热量，有利于农作物产量的提高。

大多数的时候，北部湾的天气都比较好，但也有坏天气带来各种灾害，例如洪涝、干旱、寒冻、龙卷风等，它们就像一头头怪兽，威胁着人们的生命和财产安全。

怪兽之一——洪涝灾害

造成洪涝的主要原因就是暴雨频发。每年一到汛期，北部湾地区就会长时间下雨，而且降雨强度大。强降雨常常引发山洪暴发、河水上涨，冲毁农田、住房、街道等，还容易引发山体滑坡、泥石流等次生灾害，给人民的生命和财产造成巨大损失。

怪兽之二——干旱灾害

北部湾地区几乎年年都会发生干旱灾害，而且受灾范围越来越大。因为降水分布不均，有的地方降水量多，有的地方降水量少，降水量少的地方就容易遭受干旱灾害。玉林市、钦州市虽然下雨比较多，但是这两个地方的水资源调节能力比较差，遭受干旱灾害最多。

怪兽之三——寒冻灾害

冬天寒潮到来的时候，会给田地里的农作物造成不同程度的损害。当强冷空气入侵时，北部湾地区的平均气温 -2 ～ -1℃，极端最低气温 -5 ～ -2℃，大部分区域可出现霜冻或冰冻天气，对蔬菜和热带、亚热带水果种植及水产养殖等造成灾难性损害。寒冻灾害多发生在北部湾地区的北部区域。

怪兽之四——强对流天气

强对流天气这头怪兽下面，又有许多小怪兽，比如冰雹、大风、雷暴、龙卷风等，这些都是北部湾地区的主要气象灾害之一，其中以冰雹、大风和雷暴造成的危害较大，可危及工农业生产、交通、通信、电力设施及人民生命财产等。冰雹的分布特点是西部多于东部，山区多于平原，每年主要出现在 2 ～ 5 月。遭受大风袭击最多的是涠洲岛，平均每年有 31 天是大风日。此外，还有雷暴，主要出现在 4 ～ 9 月，南部多见而北部少见。地处十万大山南坡的东兴市年均雷暴日数多达 105 天，是广西雷暴最多的地方。

各种各样的土壤和植被

北部湾地区的土壤类型较多，主要有赤红壤、砖红壤、水稻土、新积土、石灰（岩）土、紫色土、潮土、粗骨土、火山灰土等。但在北部湾海岸带的土壤，则主要是砖红壤、酸性盐渍水稻土及潜育性水稻土等。下面，我们来一起认识这几种土壤吧！

砖红壤是怎么形成的呢？主要是在高温、多雨的环境中，土壤会出现铁、铝高度富集的情况，而钙、镁、钾等元素大量迁移淋溶，最终形成砖红壤。广西北部湾海岸带的砖红壤面积在 2000 平方千米以上，占海岸带土壤总面积近 50%。砖红壤十分适宜种植水果、橡胶、剑麻、香料及林副产品。

酸性盐渍水稻土的形成，主要是因为沿海岸带的洪水和海潮会把含盐的海水推到三角洲和低洼地带。这些海水量的盐分（主要是氯化物）留在土壤中，让土壤变得又咸又酸。在海边，原有的潮滩红树林被砍伐毁坏之后，当地人围海造田，筑堤防止海潮涌入，这类田地需经过很长时间的雨水冲刷，或引用内陆淡水洗去土壤中部分盐（氯化物）后才可用于种植水稻。但是，红树林土壤中的残余有机体较多且硫元素含量丰富，这些残余有机体在腐烂分解后会析出大量的二价硫，使硫元素在土壤中累积和氧化，最终形成具有强酸性的硫酸，从而产生酸性盐渍水稻土。这种土壤广泛分布于沿海围田和三角洲地带。北部湾海岸带中酸性盐渍水稻土的面积约 267 平方千米。

潜育性水稻土主要分布于广西北部湾海岸带东部的合浦、北海台地中地势较低洼的地带，原属古沼泽，经过长期的开发利用后成为水稻田，当地群众称其为坡塘田，意思是说田的上侧为坡，低地易渍水为塘。这种土壤的特点是表层为黑色泥炭，松散细碎，所以当地群众把这种土壤叫作黑散泥。潜育性水稻土大部分土质松散，以种植水稻为主，当然也适合种植花生、大豆、薯类及麻类等旱作作物。

植被是对生长在某一区域的所有植物的统称，它们就像是土地的衣服，不同的地方有不同的衣服。北部湾地区主要的自然植被有很多种，例如亚热带针叶林、常绿落叶阔叶混交林、常绿阔叶林，热带雨林、季雨林、红树木，热带、亚热带常绿阔叶灌丛、落叶阔叶灌丛，热带旱生常绿肉质多刺灌丛以及各类竹林、灌丛、草丛等。其中，亚热带针叶林分布最广，主要有马尾松林、杉木林和湿地松林。热带雨林主要分布在十万大山、六万大山南麓山谷地带。红树林主要分布在铁山港、廉州湾、大风江口、钦州湾、北仑河口、防城港东湾和西湾等海湾。常见的红树林植物有白骨壤、桐花树、秋茄、红海榄、木榄、海漆、老鼠簕（lè）、榄李、海芒果等。

近年来，北部湾地区的植被资源发生了很大的变化。在滨海 5 千米以内的陆地区域，人们种了很多桉树，除西部岸段外，其他岸段的马尾松疏林也被桉树林取代；原本大面积分布的茳芏（jiāngdù）、短叶茳芏等沼生植被现仅少量零散分布；南亚松林、常绿季雨林基本存在，但数量已有所减少；原少量零散分布的以仙人掌为主的典型热带性植被和以厚皮树为主的热带落叶林正慢慢变少。

各种美味的海鲜

提到海鲜，大家都忍不住流口水吧？北部湾作为海湾，自然有各种各样的海鲜了，如果大家想吃，就到北海、钦州、防城港等海边城市去尝尝吧！

首先，我们来认识一下北部湾鲜嫩多汁的虾。北部湾的浅海是虾类洄游、栖息和繁殖的场所，特别是铁山港、龙门港镇和大风江口至三娘湾一带。这些区域是广西北部湾沿海三大对虾繁殖场。北部湾虾类资源总量约 8000 吨，主要种类有须赤虾、刀额新对虾、短沟对虾、巴页岛赤虾、长足鹰对虾、日本对虾、长毛对虾、墨吉对虾、中型新对虾、近缘新对虾等。北部湾捕虾的方式主要是以底拖网捕捞为主，每年有 1000 多艘渔船参与捕虾，其中广东、香港、澳门的流动渔船有 400 多艘。

接着，我们来看一下鱼类。我们在电视或网络上都看到过，海里的鱼不仅种类繁多，而且色彩斑斓，非常漂亮，北部湾浅海里的鱼也一样，有蓝圆鲹（shēn）、二长棘鲷（diāo）、蛇鲻（zī）、断斑石鲈、真鲷、马鲛、青鳞鱼、海鳗、金色小沙丁鱼、脂眼鲱（fēi）、鲐（tái）鱼、水公鱼、海鲇鱼等 30 多种。北部湾浅海是多种经济鱼类洄游、栖息和繁殖的

北海虾田

北海鱿鱼干

场所，鱼类天然产卵场可分为东、西两海区。东海区的鱼类天然产卵场位于北海市至涠洲岛之间的浅海，是二长棘鲷的主要产卵场之一。每年从11月开始，二长棘鲷从深海向该海域进行生殖洄游，12月开始产卵，次年1～2月幼鱼出现，3～4月鱼苗大量出现，5月底至6月开始退出该海区。为了保护好生态资源，现在北海市人民政府已划定这个海区为二长棘鲷幼鱼保护区，规定每年12月15日至次年5月20日，禁止拖网渔船及拖虾渔船进入海区捕捞。北海市白虎头附近的浅海是鱿鱼的产卵场所，每年春汛，大批鱿鱼洄游到这里繁殖，这时候就是钓鱿鱼的旺季。西海区的防城港、珍珠港附近，是二长棘鲷的另一产卵场，也是蓝圆鲹、真鲷、红鱼、断斑石鲈、鸡笼鲳、金色小沙丁鱼、脂眼鲱等经济鱼类的集中产卵场。西海区沿岸还是墨鱼洄游、索饵和繁殖的场所。龙门江口附近是海鲇鱼重要的洄游产卵场所，年产量约500吨。

接下来，我们来了解一下北部湾的珍珠。北部湾的浅海盛产珍珠贝，主要以马氏珠贝为主，其适宜水温为13～30℃。13℃以下为马氏珠贝的危险温度，水温低于8℃会导致马氏珠贝死亡。马氏珠贝有两个产地，一个在北海市合浦县营盘镇附近海区，另一个是防城港市的珍珠港。在营盘镇附近，还有著名的七大天然珠池，它们分别是杨梅池、朱沙池、乌坭池、青婴池、白龙池、断网池、平江池。这些珠池每年产出很多珍珠，这些珍珠统称为南珠。南珠晶莹浑圆、瑰丽多彩。合浦采珠已有2000多年的历史，在古代人们还会将珍珠作为贡品献给皇帝。但是，由于历代的无度捕捞，合浦珠贝资源遭受严重破坏，慢慢地就很难捕捞到天然珍珠了。广西从1958年开始进行珍珠贝的人工养殖，现在市场上见到的大多是人工养殖的珍珠。

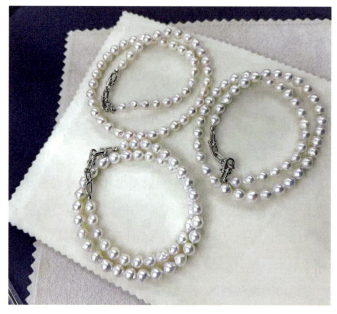

珍珠项链

最后，我们认识一下青蟹和海参。青蟹属于热带、亚热带甲壳动物，在广东、广西沿海各地均有分布。它喜欢躲在泥穴或泥沙质海底里，经常是白天躲起来，晚上才出来活动。钦州湾是广西沿海主要的青蟹产地，青蟹产量约占广西青蟹总产量的70%。北部湾浅海的海参种类主要是花刺参、明玉参（俗称白参）、玉足参，其中花刺参是这三种食用海参中经济价值最高的，主要分布在涠洲岛和斜阳岛靠近海岸边的浅海里。

花刺参

大大小小的河流

北部湾海陆交错的地方分布着很多河流，这些河流水量充足、落差大，水力资源丰富。它们从陆地携带大量的泥沙和有机质流入海洋，为三角洲和滩涂的形成提供了重要的物质基础。

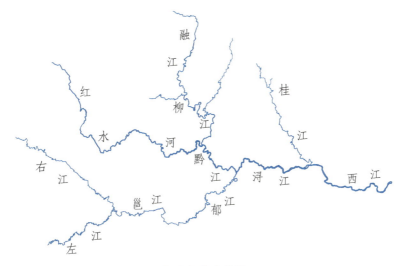

广西水系示意图

郁江是北部湾众多河流中的老大，因为它是我国珠江水系西江干流上最大的支流，是西江黔江段和浔江段的分界点，位于广西南部。它有两个发源地，北源是右江，为正源，发源于云南省广南县境内的杨梅山；南源是左江，发源于越南境内。左江、右江在南宁市西乡塘区宋村汇合后称邕江。邕江由西向东流经南宁市区，到达伶俐镇与横州市交界处止。邕江进入横州市境后称为郁江。郁江流经横州市、贵港市、桂平市，在桂平市的三江口与黔江汇合为浔江。

邕江是郁江在南宁市区河段的名称。南宁市在唐宋时期称邕州，简称"邕"，所以境内的河流就叫邕江。邕江位于广西南部，在南宁市境内，起于南宁市西乡塘区宋村（左江和右江汇合点），止于伶俐镇与横州市六景镇道庄村交界处，流经南宁市江南区、西乡塘区、兴宁区、良庆区、邕宁区、青秀区，全长133.8千米。邕江的支流很多，有良凤江、八尺江、新江河、青龙江、三塘江等。邕江河面宽敞，水流平缓，有利于船只在水面上航行。内河水上运输是南宁市交通运输的重要方式之一。邕江北岸有北大码头、上尧码头、大坑码头、陈东码头、民生码头等港口。

左江是郁江的最大支流，发源于越南与中国广西交界的枯隆山。上游在越南境内称奇穷河（又叫黎溪），在凭祥市边境平而关进入中国境内以后就叫作平而河，到了龙州县城与水口河汇合后称左江。左江左岸的主要支流有水口河、黑水河、驮卢江、双夹江，右岸的主要支流有明江、客兰河和汪庄河等。左江两岸山清水秀，石峰林立。一些山的悬崖上画有很多画，这些画距今已有2000多年的历史。其中以花山岩画为首的左江岩画群已被列入世界文化遗产名录。左江流域还有很多旅游胜地，比如世界第二大跨国瀑布德天瀑布、风景优美的明仕田园、通灵大峡谷和古龙地下河漂流、旧州古村、友谊关、边关文化遗址等。

左江龙州段

　　右江是郁江的干流，发源于云南省广南县底圩乡，流入西林县以后叫作驮娘江，到了田林县就叫作剥隘河，到了剥隘镇以后就叫作右江，流经右江区、田阳区、田东县、隆安县至南宁市西郊宋村与左江汇合后成为郁江。右江左岸的主要支流有乐里河、澄碧河、田州河、武鸣河等，右岸的主要支流有西洋江、谷拉河、福禄河、龙须河、绿水江等。右江河段建有澄碧河、百色、金鸡滩等大中型水电站，还有百色、澄碧河、八桃、百东、仙湖等数十处大中型水库，以及新州、响水、平马、河街、那读、保群、平塔、良赖、思林九个较大的电灌站。

右江平果段

　　南流江是广西独流入海的第一大河，位于广西东南部，发源于玉林市北流市新圩镇大容山主峰梅花顶南侧东进桥村的六洋河，与凤凰村的白鸠江在新圩镇的合水口村汇合，向南流至玉林市区与另一条源于三叉水村的清湾江汇合后为南流江。南流江因为它的江水一直流向东南方而得名。南流江长 287 千米，有流域面积在 100 平方千米以上的一级支流 14 条。它流域内地势平坦，土地肥沃，农业发达，是广西水稻、甘蔗、花生等重要作物的产区，也是胡椒、波罗蜜、芒果等热带作物和水果产区。

玉林市区的南流江

　　茅岭江发源于钦州市钦北区板城镇屯车（百灶）村龙门屯旁，是广西独流入海的第二大河流，流长 112 千米。茅岭江流经钦州市钦北区板城镇、新棠镇、长滩镇、小董镇、那蒙镇、大寺镇，钦南区黄屋屯镇、康熙岭镇，防城港市防城区茅岭镇，在沙坳村老螺坪屯流入北部湾。

　　钦江是广西独流入海的第三大河流，起源于钦州市灵山县平山镇东山东北麓 3 千米的思林村茂金屯。它流经灵山县平山镇、佛子镇、灵城镇、檀圩镇、三隆镇和陆屋镇等乡镇，钦州市青塘镇、平吉镇、久隆镇、沙埠镇、尖山镇和钦州市区，在尖山镇黎头咀村分为两条支流注入北部湾。

大风江发源于钦州市灵山县西南部伯劳镇万利村，向西南流至钦州市钦南区的那彭镇和平银村，然后转折流向东南于犀牛脚镇沙角村流入北部湾，是独流入海河流。大风江全长 158 千米，它的下游江面辽阔，江海相连。大风江两侧有大片大片的红树林。

奥秘之一——海水的温度

很多人都喜欢去海里游泳，那么什么时候去游，去哪里游合适呢？我们先一起来探索一下北部湾海水的温度吧。其实海水的温度，和我们在陆地上感受的温度一样，随着时间的变化而变化，只是水面的温度变化比海底的温度变化大。北部湾水面的年平均温度是 23 ～ 25℃，7 月平均水面温度最高，为 29 ～ 31℃；2 月平均水面温度最低，仅为 14 ～ 18℃。而一天之中，水面温度最高的时段是下午 4 点至晚上 8 点，而晚上最冷的时候也是水面温度最低的时候。不同的海域，水面温度也是不一样的，因为海水温度的变化主要受纬度影响，自北向南水面温度逐渐升高。龙门群岛海域是 5 个水温观测站中最靠北的，所以这一海域年平均的水面平均温度最低，只有 23℃左右。涠洲岛海域在 5 个水温观测站中位置最靠南，年平均水面温度最高，约为 25℃。

奥秘之二——海水的盐度

在海里玩耍时，如果不小心喝到海水，会发现海水又咸又苦，一点都不好喝。这是因为海水里盐度很高。北部湾海水的盐度分布不均匀，河口区低，外海区高；西段低，东段高。盐度的季节变化主要受降水量和沿岸径流量的影响，冬季降水量和径流量最少，海水盐度就稍微高一些，平均盐度高达31‰；夏季降水量和径流量最大，海水的盐度就低一些，平均值只有27‰。和海水的温度一样，每一天，海水表层的盐度的变化比底层海水盐度的变化大一些。就季节来看，夏季海水盐度日变化要比冬季的大。

奥秘之三——海水的透明度

受流入的淡水和海水相互作用的影响，北部湾东海岸近岸海水透明度比西海岸的高。东海岸因淡水注入少，泥沙含量低，海水更清澈，西海岸受河流携带的泥沙影响，透明度较低。透明度越高，海水能见度就越高，看起来更清澈。从四季来看，海水透明度冬季最高，夏季最低，春、秋季介于冬、夏季之间。夏季受季风影响，降水量多，注入径流量大，海水混合作用较强，所以海水透明度最低。冬季虽受东北风影响，海水混合作用也较强，但径流量最小，所以透明度较高。

奥秘之四——海水的酸碱度

海水的酸碱度主要受二氧化碳含量的影响。由于海水中二氧化碳含量变化不大，所以酸碱度通常维持在8左右。然而，近岸海水环流、陆地径流、生物作用以及水温和盐度的变化等因素，会导致海水酸碱度发生小幅度波动。北部湾海水的酸碱度一般表现为近岸低、外海高，并伴有明显的季节性变化，一般春、夏季变化小，秋、冬季变化较大。此外，除了夏季，其他季节海水酸碱度的月平均值通常表现为底层高于表层。

奥秘之五——海水的溶解氧

海水的溶解氧是指溶解在海水中的氧气分子，它是海洋生命活动不可缺少的物质，与生物活动有着密切的联系。溶解氧的含量与变化不仅能反映生物的生长状况，同时也是监测海水污染的重要指标。北部湾近海区海水的溶解氧平均含量为4.29～6.08毫升/升，饱和度为63.07%～122.2%，全年无缺氧现象。冬季溶解氧含量最高，各海区平均值为5.93～6.08毫升/升，饱和度为99.6%～100.8%。溶解氧在各海区的分布表现为近岸高于远岸，西岸高于东岸，河口区高于岬角湾，湾内高于湾外。除铁山港外，其余港湾海水的溶解氧均处于过饱和状态。

奥秘之六——海水中的磷酸盐

磷酸盐是海洋浮游生物繁殖必需的基本营养物质，也是影响海洋生产力的因素之一。磷酸盐的含量和分布受生物活动、有机体分解、径流注入、水体运动以及海洋底质等多种因素影响。海水中磷酸盐的含量随季节和浮游植物量的变化而变化。冬季浅海区磷酸盐平均含量高于河口区；春季河口区磷酸盐含量则高于浅海区；夏季浅海区磷酸盐含量为全年最高，而河口区由于浮游植物大量繁殖，磷酸盐含量就比较低；秋季浅海区磷酸盐含量有所下降，但河口区含量比夏季有所上升。磷酸盐在海水中的垂直分布不仅有明显的季节性差异，还有区域性差异。各季度磷酸盐含量的平均值都呈现出底层高于表层的情况，这是因为浮游植物主要分布在表层。在浅海区，冬季风浪较大，磷酸盐含量的垂直变化不明显；春季磷酸盐含量的垂直变化较大，底层磷酸盐的含量明显高于表层；夏季西南风强，磷酸盐含量的垂直变化减弱；秋季与冬季相似，磷酸盐含量的垂直变化不明显。

奥秘之七——海水中的硅酸盐

硅酸盐是水生生物生长繁殖不可缺少的营养成分，它与磷酸盐、硝酸盐一起被称为"三大营养盐"。大部分硅酸盐来源于流入大海的支流，少部分源于植物残体的分解和海洋底质的溶解。北部湾海区的硅酸盐含量可以满足浮游生物的需要，又不会对浮游植物的生长和繁殖产生抑制作用。硅酸盐含量会随着季节和海区的不同而变化。浅海区的硅酸盐含量春季较高，秋、冬季较低，夏季居中；河口区的硅酸盐含量随着注入径流量的大小而发生变化，且浮游植物数量的变化趋势与硅酸盐含量的变化趋势一致。在冬季，河口区的硅酸盐含量高于浅海区，此时浅海区的硅酸盐含量为全年最低。在春季，虽然浅海区的硅酸盐含量大幅度上升，但是河口区的硅酸盐含量仍明显高于浅海区，分布趋势为从湾内向湾外递减。在夏季，浅海区硅酸盐含量随着浮游植物数量的增加而减少，河口区的硅酸盐含量比浅海区的高一倍。在秋季，浅海区和河口区的硅酸盐含量均呈下降趋势，但都比冬季的含量高。

奥秘之八——海水中的硝酸盐

硝酸盐是含氮化合物氧化的最终产物，也是海水中无机氮存在和被浮游植物利用的主要形式，其含量的高低受降水量、径流量、海洋生物的生长繁殖、海水对流以及死亡动植物残体分解等因素的影响。海水中硝酸盐的分布一般表现为河口区高于浅海区，夏季高于冬季。在春季，浅海区的硝酸盐含量达到最低值，而河口区的硝酸盐含量则迅速上升，比浅海区高 9 倍。在夏季，浅海区的硝酸盐含量达到最高值，河口区的硝酸盐含量则稍低于春季。在秋季，浅海区和河口区的硝酸盐含量均呈现明显下降趋势。

变幻莫测的海水运动

潮汐

去海边玩耍时，我们会发现海水有时涨起来，有时退下去。涨潮时，海水波浪滚滚，景色十分壮观；退潮时，海水缓缓退去，露出一片宽阔的海滩。海水的涨落发生在白天叫潮，发生在夜间叫汐，所以合称潮汐。

潮汐是大自然中一种有趣又神秘的自然现象，它每天都在海边发生，而且具有明显的规律性，有的地方一天涨退一次，有的地方一天涨退两次。

为什么会有这种现象呢？原来，海水随着地球的自转也在旋转，而旋转的物体都受到一种被称为"离心力"的惯性力作用，使它们有离开旋转中心的倾向。就好像旋转张开的雨伞，雨伞上水珠会被甩出去一样。同时海水还会受到月球等天体的引力作用。海水在这两个力的共同作用下，就形成了周期性的涨退现象。这种现象包括海面周期性的垂直涨退和海水周期性的水平流动，习惯上将前者称为潮汐，后者称为潮流。

由于北部湾的面积不大，引潮力直接引起的潮汐现象与外来潮波能量相比是微不足道的。潮波运动主要由北部湾口输入的潮波能量维持，从琼州海峡进入的潮波对北部湾海区影响不大。太平洋潮波传入南海后，经湾口进入北部湾，在传播过程中受地球偏转力、水深、地形等因素影响，同时受北部湾反射潮波的干涉，最终形成潮汐。潮波主要呈驻波式振动，并具有前进波的某些特点。除铁山港和龙门港是不正规全日潮以外，北部湾其他区域的潮汐均是以全日潮为主。所谓全日潮，就是指在一个太阳日内，只有一次高潮和一次低潮，高潮和低潮之间相隔的时间大约为 12 小时 25 分，这种一日一个周期的潮称为全日潮。

潮流

潮汐和潮流是同一潮波现象的两种不同表现形式。潮流的分布与潮波的传播方向一致，其流速大小与潮汐的振幅密切相关。通常，沿岸地区潮流强，外海潮流弱。在开阔海区，潮流受地球偏转力影响形成旋转流；在近岸、河口、水道及海峡地区，潮流受地形约束，多为往复流。

北部湾岸线曲折，入海口众多，涨落潮流的流速较大。其中，钦州湾涨落潮流的流速最大。三娘湾至南流江口由于汛期汇入径流较大，两河口对潮流影响程度不同。北部湾的潮流具有明显的往复流特征，其流向大致与岸线或河口湾内水槽走向一致。潮流性质分为不规则全日潮和不规则半日潮两种，其中不规则全日潮占主导地位。

北部湾的近海潮流以全日潮为主，因此近岸海区的分潮以全日分潮为主，半日分潮和浅水分潮为辅。全日分潮的椭圆长轴方向，在河口区一般与岸线或湾内水槽走向一致，表现为南北方向，在浅海区为东北至西南向。分潮的旋转方向除铁山港和钦州湾顶部受地形影响为逆时针方向外，其余海区均为顺时针方向。

在海岸带实测到的海流通常是潮流、风海流和地转流等叠加的合成海流，这种合成海流可分解为周期性海流（潮流）和非周期性海流（余流）。北部湾近海余流受风场、径流和沿岸水的影响，因此具有明显的季节性。夏季注入径流达全年最大值，沿岸水急增，受偏南风和北上海流的影响，海水向湾顶扩展，近岸浅海表层海水向偏北方向流动。同时，河口湾内海水因淡水注入而密度降低，随径流向偏南方流动。

海浪

大家都知道，"风平浪静"的意思是指没有风浪，水面很平静。那么，反过来，有风吹过海面的时候，就会形成海浪。海浪是发生在海洋中的波动，是海水运动的主要形式之一。

北部湾海区受季风影响，海浪的形成也受季风影响，它的分布、变化与季节有密切的关系。北部湾的海浪由风浪、涌浪和混合浪组成，以风浪为主。

北部湾出现风浪的频率很高，其中涠洲站最高，其次是北海站、白龙尾站。北部湾各区域盛行风浪方向大同小异，涠洲站的风浪方向是西南偏南向和东北向，北海站的为东北偏北向和正北向，白龙尾站的是东北偏北向和东北向。沿海风浪最少的方向为西北偏西向、西北向和西北偏北向。风浪方向的分布有明显的季节性变化。10月至次年3月，最多风浪的方向为东北偏东向和东北向；6～8月出现的风浪以南向和西南偏西向最多。

4月、5月和9月是季风交替的转换时期，这3个月的风浪频率均比其他月份低。4～5月，涠洲站最多的风浪方向是东北向，北海站最多的风浪方向是北向、东北偏北向和西南偏北向，白龙尾站最多的风浪方向是东北偏北向、东南向和西南偏南向。可见，季风交替时期的风浪方向是比较分散的，主导方向不明显。

涌浪是指风浪离开风吹的区域后所形成的波浪。北部湾发生涌浪的频率并不是很高，其中北海站的最低。涌浪的逐月变化较大，涠洲站4月和5月涌浪频率最高，11月最低；白龙尾站4月和8月涌浪频率最高，11月最低；北海站7月涌浪频率最高，11月最低，基本无涌浪出现。沿海涌浪主要分布在东南偏东到西南偏西方向。其中，涠洲站主浪向是西南偏南向；北海站主浪向为西南偏西向；白龙尾站以东南向的频率最高。涠洲站冬季以北向或偏北向涌浪最多，春季最多为东南偏东至东南偏南向涌浪，夏季为西南偏西向涌浪，秋季为东向和北向涌浪；白龙尾站秋、冬季最多是东南向涌浪，春、夏季均为南向涌浪；北海站以西南偏西向和西南向涌浪最多，秋、冬季的北向涌浪也较多。

混合浪是指风浪与涌浪叠合和相互作用形成的波浪。北部湾的混合浪平均出现频率也不高，其中涠洲站混合浪和北海站混合浪出现的频率最低，白龙尾站混合浪的出现频率稍微高一些。涠洲站 7 月混合浪出现的频率最高，11 月混合浪出现的频率最低。北海站 7 月混合浪出现的频率最高，11 月混合浪出现的频率最低，几乎未出现。白龙尾站 4 月混合浪出现的频率最高，11 月混合浪出现的频率最低。

海浪有高有矮，其高度叫作波高，是指波峰到相邻波谷的垂直距离。北部湾海域的海浪较小，平均波高为 0.28 ～ 0.57 米。涠洲站、北海站和白龙尾站的年平均波高分别为 0.57 米、0.28 米、0.51 米。一般夏、秋季海浪的波高较冬、春季的高，这是受西南季风和台风影响所致。最大波高一般出现在夏、秋季的台风季节，主要由西南大风或偏北大风引起。

五大海岛

中国十大最美海岛之一的涠洲岛

涠洲岛位于北海市，被誉为中国十大最美海岛之一，被广大网友称为"此生必去的绝美海岛"。涠洲岛是中国最大、地质年龄最年轻的死火山岛。岛上植被茂密，风光秀美，海水清澈湛蓝，沙滩洁白柔软。在这里可以看日出日落、追逐海浪，享受悠闲的海滨时光。

涠洲岛位于北海市区南面约 21 海里处，北临大陆，东南临斜阳岛，东望雷州半岛，西南与海南岛隔海相望，西面越南。全岛主要为玄武岩台地，地势南高北低，南湾顶最高处海拔 79 米，台地向北倾斜，延伸至海底。南湾为向南缺口的火山口，火山口东、北、西三面被高 50～70 米的海崖环绕。

涠洲岛是由火山喷发物质堆积而成，有多样的火山岩、海蚀和海积等地貌景观，其中鳄鱼山景区是涠洲岛火山地质景观的精华。在这里，千姿百态的火山熔岩让人目不暇接，火山喷发形成的奇特地貌让人感叹

涠洲岛航拍图

大自然的鬼斧神工。此外，涠洲岛还是我国候鸟的重要停歇地之一，可以说是候鸟的港湾，现在已建成鸟类自然保护区。

世外桃源般的斜阳岛

斜阳岛距离涠洲岛 9 海里，从涠洲岛出发乘船只需 15 分钟就能到达，斜阳岛也是由火山喷发物质堆积而成的岛屿，因斜卧在海面上，南面朝阳，所以得名斜阳岛。明朝文学家汤显祖曾在此留下"日射涠洲廓，风斜别岛洋"的诗句。

斜阳岛地势西高东低，中央偏西南处低洼，环岛海岸悬崖壁立，海蚀平台若隐若现，难觅滩涂，只有三处地方稍为低平，可供船停泊靠岸。东面是全岛海蚀地貌最集中的区域，有海蚀崖、海蚀平台、海蚀洞、海蚀拱桥与海蚀柱等奇特景观。

斜阳岛

斜阳岛是广西纬度最低的地方，气候宜人，夏无酷暑，冬无严寒，属北热带海洋性湿润气候，属广西多雨地区。浅海海域年平均水温约24℃。岛上植被覆盖率高，天然植被茂密，以马尾松、台湾相思树为主。斜阳岛景观绚丽，海水清澈洁净，贝类和珊瑚生态系统独特，与涸洲岛合称"大小蓬莱"。为了保护斜阳的生态环境，北海市出台了相关规定，限制岛上的旅游开发，旨在保护岛上的生物多样性和生态平衡。

美轮美奂的七十二泾

钦州湾蔚蓝的海面上，散布着一百多个形态各异的小岛，它们就像一颗颗珍珠，散落在广袤的海面上。岛与岛之间是碧波荡漾的水道，水道数量众多，虽水深浪静，却曲折蜿蜒，时常迷雾弥漫，古人称作

七十二泾

"七十二泾"，这个名称一直沿用到今天。

七十二泾位于钦州市西南 25 千米、茅尾海南端，因群岛构成 70 多条水道而得名。群岛由龙门、簕沟、果子山、松飞大岭、亚公山、仙人井大岭、老鸦环、鹰岭等 100 多个大小岛屿组成，总面积为 9.8 平方千米。七十二泾有居民 7000 多人，分散居住在龙门、果子山和簕沟三个岛屿上，主要从事渔业。

七十二泾的植被覆盖良好，岛屿周围基本无泥沙浅滩，多为深水水域，是船舶避风的良好锚地。港湾西部的岛屿数量稍少，但港汊甚多，有大片浅滩发育，航运条件差。七十二泾海域为咸淡水的交汇区域，盛产对虾、大蚝、石斑鱼、青蟹等海鲜。七十二泾拥有著名的海湾风光，岛屿密布，参差错落，泾深浪静，泾泾相通，驱舟入之，如入迷津，自古以来吸引了无数游客。

拥有"蚝宅"的龙门岛

龙门岛位于钦州市西南约 25 千米处，茅尾海与钦州湾间通道西侧。龙门岛呈东北—西南走向，长 2 千米，宽 0.6 千米，面积 0.88 平方千米，是钦州湾内最大的岛屿。据明嘉靖《钦州县志》记载，"龙门"之名，源于岛上山脉自西而东蜿蜒如龙状，前屏两旁山头东西对峙如门，扼守茅尾海出口，故得名"龙门岛"。

龙门岛四面环水，在明朝以前为荒岛，清初开始有人陆续定居，20世纪 60 年代筑修长堤与大陆相连。因其独特的地理位置，各朝历代都在这里设置海防军事要地，派重兵把守，保疆卫土。民国时期，广州江防司令申保藩曾驻扎于此。岛上至今仍保存有修建于 1919 年的申保藩故居，被称为"将军楼"。将军楼全楼建造没有使用一点水泥，全部由糯米和贝壳粉黏合而成。楼呈方形，高三层，每层均有半月形阳台，楼顶四角突出的建筑便是炮楼。龙门岛海域为咸淡水交汇，盛产对虾、大蚝、石斑鱼、青蟹等海鲜，居民多从事渔业。

龙门岛上丘陵起伏，最高点观音岭海拔 38.1 米，草木繁茂，主要树种为松树和木麻黄。岛岸曲折，东岸为悬崖峭壁，四周有三个港湾，为避风锚地。

龙门岛上远眺入海口

　　"蚝宅"是龙门岛一个奇特的景观。顾名思义就是用蚝壳建造的房子。白色的蚝壳规整划一，排列整齐，数百年过去，许多房屋还完好无损。原来，生蚝是龙门岛的特产，以前抓到的生蚝都是生长了十几年的，个大肉厚，壳有手掌般大，坚硬如石，所以村民就地取材，用蚝壳来盖房子。说到生蚝，你是不是流口水了呢？

"蚝宅"的墙

北部湾有着丰富的自然资源

北部湾风光秀美、物种丰富，资源种类多样。比如海港资源有北海港、钦州港、铁山港等，生物资源有青蟹、对虾、方格星虫、石斑鱼等，旅游资源有银滩、涠洲岛、七十二泾、三娘湾、大士阁等。

海港资源

北部湾有曲折的海岸线和众多的港湾，天然的优良海港众多。其中，可以停靠万吨级以上船只的海港有北海港、铁山港、防城港、钦州港、珍珠港等，可以建设 10 万吨级码头的海港有钦州港、铁山港等。下面，我们一起来了解几个主要的海港。

2023 年，北海港全港所辖海岸线东起英罗湾，西至大风江。北海港域主要划分为石步岭港区、铁山港西港区、铁山东港区 3 个重点港区以及海角港点、侨港港点、合浦港点以及涠洲岛港区等小港点、小港区。拥有泊位 74 个，其中生产性泊位 65 个。北海港是中国西南地区的重要出海港口，也是广西沿海主要外贸港口之一，是港湾航道畅通、港阔水深的天然良港。北海港属亚热带海洋性气候，年平均气温为 22.6℃，历年最高气温为 37.1℃，历年最低气温为 2℃，全年无冰冻。北海港风向季节性变化显著，冬季盛行偏北风，夏季多为东南风，常风向为北向，其次为东南向。北海港降水主要集中在 7 ～ 9 月，以雷阵雨为主，夏季和秋季常常受到台风的影响。

钦州港位于北部湾的钦州湾内，西起钦防界茅岭江口，东至北钦界大江口。钦州港背靠大西南，面向东南亚，地理位置十分优越。孙中山先生在《建国方略》中将其规划为二等港，在南方仅次于广州港。如今，钦州港是广西沿海"金三角"的中心门户，也是大西南最便捷的出海大通道。钦州港三面环山，水域宽阔，风浪小，具备建设深水泊位的有利条件。钦州港年平均气温为 21.9℃，降水集中在夏季。季风气候明显，受台风影响的次数比北海港少一些。1996 年 6 月，广西壮族自治区人民政府批准设立省级开发区钦州港经济技术开发区。经过近三十年的发展，钦州港已成为"南方深水大港"，每天迎接着来自世界各地的巨大轮船，展现出迷人的风采。

铁山港是广西的天然深水大港，位于北海市东部，东邻广东省湛江市，地处北部湾中心。铁山港是一个狭长的台地溺谷型海湾，形状像一根手指，湾口朝南敞开，呈喇叭状。铁山港呈南北走向，水域南北长约40千米，东西最宽处为10千米，一般宽4千米。铁山港属亚热带季风气候，全年日照充足，降水丰沛，气候温和，年平均气温为22.6℃。铁山港水域很宽阔，水也很深，海岸线长，避风条件良好，海浪平静，可以建设10万～20万吨级大型深水泊位50个以上，是国内少有的天然良港。铁山港是中国古代"海上丝绸之路"的始发港之一。据史书记载，清道光年间，就有陶瓷制品从这里运销至东南亚。清末，外国的商人来到铁山港从事贸易活动。1949年后，铁山港一带被国家列为战略储备港和军港。20世纪80年代末，铁山港获国务院批准，成为广西北海对越边境贸易港。现在，铁山港是西南地区以及华南、中南部分地区最便捷的出海口，处于西南经济圈、泛珠三角经济圈和东盟经济圈的中心枢纽位置。

防城港位于广西海岸线的西段，防城河口渔万半岛的西南端。它是中国唯一与东盟国家陆海相连的城市，也是从中国内部陆地进入中南半岛的东盟国家最便捷的通道。防城港水路和陆路的交通都很方便，是中国25个沿海主要港口之一，是中国西部地区最大的港口，也是大陆海岸线最南端的深水良港。防城港始建于1968年3月，当时作为援越抗美海上隐蔽运输航线的主要起运港。其港湾水比较深，避风条件良好，陆地宽阔，可用岸线长。防城港背靠大西南经济腹地，西邻越南，东接广东、海南、香港、澳门，南面接近东南亚各国，是服务西部、连接中国与东盟经济区的重要枢纽。1983年，防城港被国务院列为对外开放口岸，1987年全面投产运营。现在，防城港拥有渔万港区、企沙港区和江山港区三大港区，拥有万吨级以上泊位57个。

北海国际客运港

在海洋里"放牧"

说到放牧，大家通常会想到在宽阔的草地上，人们赶着成群的牛羊吃草的场景。那么，在海里"放牧"又是什么样子的呢？其实，海洋放牧和在草地上放牧一样，在海洋特定的区域里，采用相关的设施和管理，有计划有目的地放养鱼、虾、贝等，放牧的区域叫作海洋牧场。北部湾也拥有自己的海洋牧场，让我们一起去看一下。

我们都知道，珍珠美丽而珍贵，但是如果仅仅依靠到海里捕捞，很难满足人们对珍珠的需求，所以在北部湾，有一个地方专门养殖珍珠贝壳来获取珍珠，就是白龙珍珠湾海洋牧场示范区，这里是闻名遐迩的南珠产地之一。白龙珍珠湾属亚热带季风气候，风况具有明显的季节性变化，年平均气温为 22.4℃，7 月最热，1 月最冷。白龙珍珠湾总面积达到 53 平方千米，海域面积为 12 万平方千米，但适宜珍珠养殖的面积只有大概 4 平方千米。白龙珍珠湾有江平江、黄竹江等河流流入，沿岸生长有上万亩的红树林，海水清洁无污染，浮游生物、矿物质丰富，是理想的海水珍珠孕育生长地。同时，白龙珍珠湾海域自然条件优越，饵料生物丰富，适宜多种海洋生物繁衍和生长，盛产青蟹、对虾、石斑鱼、海参等海产品，是十分适宜发展增殖型渔业的海域。

此外，我们喜欢吃的很多海鲜都是来自海洋牧场的。北部湾的钦州市人工鱼礁区（三娘湾）和北海市海洋牧场示范区就是两个大型的养殖海鲜的海洋牧场。

三娘湾地处广西钦州湾内，冬无严寒，夏无酷暑，是中国海岸带热量资源最丰富的地区之一，也是北部湾著名的渔场。但改革开放以来，由于过度捕捞，尤其是非法捕捞行为，使三娘湾沿海鱼类资源减少。如今，钦州三娘湾已被列入南海区国家级海洋牧场示范区的中长期建设规划。

北海市海洋牧场示范区主要养殖鱼、虾、贝壳等，用海面积约为1.06 平方千米。北海渔业资源丰富，海鲜种类繁多，是广西最大的水产品加工出口基地，拥有水产品加工企业 90 家，水产品主要销往美国、俄罗斯以及欧盟国家和南美洲、非洲等地。

珍稀的海中生物

北部湾的生物多样性非常丰富，这里有中华白海豚、布氏鲸、东方鲨等一系列珍稀的海洋生物。根据相关的记载，北部湾海域的珍稀种群包括珊瑚纲的 31 个种类和其他 24 种动物。在这 24 种动物中，中华白海豚和儒艮为国家一级重点保护野生动物；红海龟、绿海龟、太平洋丽龟、棱皮龟、玳瑁、克氏海马、文昌鱼、小鳁鲸、鳁鲸、鳀鲸、伪虎鲸、江豚、宽吻海豚、南宽吻海豚、长吻原海豚、花斑原海豚、热带真海豚、铅海豚、真海豚等 19 个物种为国家二级重点保护野生动物；东方鲎、刁海龙、马氏珠贝等 3 个物种为广西重点保护物种。

哎呀，光看这些名字是不是已经眼花缭乱了？太多了，那就挑几种来认识吧！

可爱的中华白海豚

中华白海豚属于鲸类的海豚科，是宽吻海豚及虎鲸的近亲。它和人类一样，体温恒定，用肺呼吸，怀胎产子且用乳汁哺育幼崽。唐代的时候，就有中华白海豚的记载了。清代初期，广东珠江口一带称它为"卢亭"，也有渔民称之为"白忌"和"海猪"。中华白海豚主要分布于西太平洋和印度洋，常见于我国东海，素有"水上大熊猫"之称。

刚出生的中华白海豚长约 1 米，成年以后体长 2 ～ 2.5 米，最长达

中华白海豚

2.7 米，体重为 200～250 千克。中华白海豚身形修长，像一个椭圆一样。虽然被叫作"白海豚"，但是刚出生的中华白海豚身体是深灰色的，少年时是灰色的，成年后全身才变成象牙色或乳白色，而且背部散布有许多细小的灰黑色斑点，有的腹部略带粉红色。如果想要一睹海豚可爱的模样，那就夏天去北部湾，因为夏天时中华白海豚时常在水面做跃水、探头等动作，它们还喜欢随着拖网的渔船活动，仿佛是调皮的孩子在玩耍。

看起来傻乎乎的儒艮

儒艮又叫作"海牛"，因为它吃海藻的时候，总是一边咀嚼，一边不停地摆动着头部，动作很像牛。最大的儒艮体长为 3.3 米，成年的儒艮平均体长 2.7 米。它们主要吃各类海草、海藻等，饱餐后有时会在海底留下一条啃食的痕迹。退潮后，海草丛露出水面时，就可以看到这些痕迹。儒艮一般白天和晚上都会进食，但在人类活动频繁的地区则多在

儒艮

晚上觅食。儒艮每天要消耗 45 千克以上的水生植物，因此每天都会花很大一部分时间在摄食上。

儒艮通常在距海岸 20 米左右的海草丛中活动，有时随潮水进入河口，吃完食物后又随着退潮而回到海中。儒艮行动缓慢，性情温顺，视力差，但听觉灵敏，看上去整天都是昏沉沉的，好像总是睡不够一样。其实它们是清醒的，只是动作比较迟缓而已。儒艮吃饱后有时会浮出水面换气，换气后潜入 30～40 米深的海底，伏于岩礁等处，从不远离海岸到大洋深海去。它们一般每 1～2 分钟浮出水面一次，但有时会潜水会达 8 分钟以上。它们对水温有一定的要求，对冷敏感，不去冷的海域，当水温低于 15℃时，儒艮就容易感染肺炎死去。儒艮喜欢成群结队，有时两三头一起，有时七八头一起，有时甚至会达数百头。儒艮生性害羞，只要稍稍受到惊吓，就会立即跑掉。所以，如果大家在海边看到儒艮，千万不要吓它们哦。

布氏鲸

经过连续多年对布氏鲸的考察与监测，涠洲岛海域被确认为我国境内近海已知唯一的大型鲸类的稳定栖息地和捕食场所。因此，涠洲岛海域是我国近海唯一能观测到大型鲸鱼的地方。每年 9 月到次年 4 月，经常可以看到布氏鲸在这里游弋捕食，而 1～2 月为最容易见到布氏鲸的时间。

布氏鲸平均体长达 12 米，是唯一在赤道附近暖水海域常年生活的须鲸。在 2021 年国家林业和草原局颁布的《国家重点保护野生动物名录》中，布氏鲸被列为一级重点保护野生动物。

由于北部湾海水氧气含量较低，水中的鱼类不得不浮游至海水的表层。布氏鲸会以近乎直立的姿态游泳，张开大嘴，使周围的海水形成一道水流涌入口中，小鱼往往在惊慌失措中跳进这个"大嘴陷阱"。经鲸

涠洲岛海域布氏鲸捕食现场（黄嵩和　摄）

须板过滤掉海水后，布氏鲸一口吞下所有猎物。

活化石东方鲎

注意了，它的名字不是读作东方党，而是读作东方鲎（hòu），虽然"党"和"鲎"字形相似，但读音完全不一样。

东方鲎在五亿年前就存在了，曾与远古生物三叶虫和菊石为伴，在四次物种大灭绝中活了下来，也抗住了陨石撞击地球，被称作活化石。东方鲎是国家二级重点保护野生动物，主要分布于中国、印度尼西亚、日本、马来西亚、菲律宾和越南，体长约 60 厘米，体重 3～5 千克。它的身体由三部分组成：头和胸部的甲壳，有点像马蹄形；腹部是六角形，两边有刺；尾部是一根长长的尾巴，像一把剑一样。东方鲎最主要的一个特点就是，它的血液是蓝色的，与我们人类的红色不一样。鲎常常生活在浅海海底，是肉食性动物，有时也吃海藻。它的生长周期很长，差不多需要 13 年才能完成繁殖，所以现在它的数量越来越少了。

鲎

小小的刁海龙

我们在电视上，看到的海龙总是很长很大，而且有很强的本领，能够翻江倒海。但是在现实生活中，海龙却是小小的。

刁海龙又叫作海龙，它和海马相似，它的尾部可以弯曲，用来钩住海藻之类的物体。它身体的颜色是一种保护色，会随周围环境的变化而改变。刁海龙很小，体长 250 ~ 400 毫米，重 10 ~ 50 克，最大者体长

刁海龙

可达 500 毫米，体重超过 70 克。刁海龙身体细长，侧面看是扁的。它的
鳃孔很小，位于头的两侧。它全身没有鳞片，呈橘黄色或黄褐色，头颈
部颜色较淡，身体的颜色比较深。

产珍珠的贝壳

珍珠不仅漂亮，而且可用作药材。但是你们知道珍珠是怎么得来的
吗？其实珍珠是蚌和贝类产生的。当蚌或贝类受到外界异物（如沙粒、
寄生虫等）侵入时，它们的外套膜受到刺激，会分泌出珍珠质来包裹这
些异物。随着时间的推移，珍珠质层层包裹异物，最终异物被完全包裹，
慢慢就变成了珍珠，这个过程可能需要数年。马氏珠贝就是能用于生产
珍珠的其中一种贝类。

马氏珠贝又称合浦珠贝，是重要的海水养殖贝类，也是生产珍珠的
主要母贝。其贝壳呈斜四方形，背缘略平直，腹缘呈弧形，前缘和后缘
呈弓状。前耳突出，近三角形；后耳较粗短。它的壳里面的珍珠层比较
厚，而且很坚硬，有明亮的光泽。马氏珠贝生活在热带和亚热带海域，
在中国分布于广东、广西和台湾海峡南部沿海一带。其自然栖息于水温

马氏珠贝

10℃以上的内湾或近海海底，栖息地水深一般在 10 米以内，适宜水温为 10～35℃，在 6～7℃或 36～40℃时会死亡，分布范围较窄。它生产出来的珍珠非常漂亮，经济价值高，是国际公认的中国南海珍珠中的佼佼者。

北部湾的乌龟家族

看过动画片《忍者神龟》的朋友们，对里面四只可爱、善良、勇敢的乌龟一定记忆犹新。其实北部湾也有很多品种不一样的乌龟。

最古老的爬行动物之一——红海龟。红海龟主要捕食底栖或漂浮的甲壳动物、软体动物，特别是头足类动物、水母和其他无脊椎动物，偶尔吃鱼卵，也吃海藻等植物性食物。红海龟的体形较大，体长 1～2 米，背甲长 74～87 厘米，宽 53～70 厘米。它的壳高 272～330 毫米，呈心形。红海龟主要栖息于温水海域，特别是大陆架一带，经常出没于珊瑚礁中，也进入海湾、河口、咸水湖等地。

红海龟

　　不是绿色的绿海龟。绿海龟的名字来源于它体内脂肪组织呈绿色，因为它们主要以海草和海藻为食，导致脂肪中积累了一定的绿色色素，它们的外壳通常是棕色或橄榄色的。成年绿海龟是草食性的，但幼年绿海龟不同，它们是杂食性的，会吃一些小型海洋生物，如水母、小型甲壳类动物、蠕虫等。它的体长可达1米多，寿命最长为150岁左右。雄性背甲长84厘米，雌性背甲长46厘米，它的背甲也是呈心形，盾片平铺镶嵌排列。绿海龟一般只有在4～10月繁殖的季节离水上岸产卵，在非繁殖季节偶尔也会上岸晒太阳或休憩。其他时间都是在水里。

绿海龟

　　体型最小的乌龟——太平洋丽龟。太平洋丽龟是海龟中体形最小的一种，体长60～70厘米，体重约12千克。它们的身体及四肢、背面是暗橄榄绿色的，腹甲是淡橘黄色的。太平洋丽龟主要捕食底栖及漂浮的甲壳动物、软体动物、水母及其他无脊椎动物，偶尔也吃鱼卵和植物等。每年的9月至次年1月，太平洋丽龟经常在夜间成群结队爬上沙滩繁殖，以避开天敌。

太平洋丽龟

　　体型最大的乌龟——棱皮龟。棱皮龟的壳长 104 ～ 150 厘米，体重可达 100 千克以上。它们头大，颈短，头、四肢及身体均覆以革质皮肤，没有角质盾片。成年龟背部呈暗棕色或黑色，杂以黄色或白色的斑点；腹部呈灰白色。幼龟背部是灰黑色的，身体上的纵棱和四肢的边缘为淡黄色或白色；腹部呈白色。棱皮龟的视力不好，它们常常会把海面漂浮的塑料袋或者其他垃圾当作水母吃掉而造成肠道阻塞，结果导致大量的棱皮龟死于人类制造的白色垃圾。所以，大家在海边一定不要乱丢垃圾哦！

棱皮龟幼龟

丰富的油气矿产

石油和天然气

石油是一种黏稠的深褐色液体，主要由烷烃、环烷烃、芳香烃等烃类化合物组成，被称为"工业的血液"。石油的成分主要有油质、胶质、沥青质、碳质。

天然气是存在于地下岩石储集层中以烃为主体的混合气体，它比空气轻，具有无色、无味、无毒的特性。天然气的主要成分为烷烃，其中甲烷占绝大多数，另有少量的乙烷、丙烷和丁烷。此外，一般还含有硫化氢、二氧化碳、氮、水、少量一氧化碳及微量稀有气体，如氦和氩等。

北部湾具有良好的生储油条件，蕴藏着丰富的石油和天然气资源。据有关专家推测，北部湾石油资源量16.7亿吨，天然气（伴生气）资源量1457亿立方米。北部湾地区有多个含油盆地，以下是一些主要的含油盆地及其特点。

涠西南凹陷位于北部湾盆地的北部坳陷内，是北部湾盆地油气最富集的凹陷之一。经过40余年的勘探开发，虽整装油气田的难度逐渐增加，但仍是北部湾盆地油气勘探的重要区域。现已探明储量达到千万吨级，目前正处于产能建设阶段。

海中凹陷位于北部湾盆地西南部，距离广西北海市约110公里。海中凹陷油气勘探曾长期未取得实质性进展，但2025年3月，该区域取得重大突破。海3斜井和海301井相继试采成功，分别获得日产1010立方米和1108立方米油当量的高产油气流，刷新了北部湾海中凹陷油气日产纪录。

乌石凹陷位于北部湾盆地的中西部区域。以乌石17-2油田为代表的一批油田的发现和成功评价，证明乌石凹陷是北部湾盆地继涠西南凹陷之后又一被证实的富烃凹陷。其勘探突破为北部湾盆地的油气勘探开辟了新的领域，显示出该区域良好的油气勘探前景。

金属矿产

北部湾矿产资源丰富，锰矿、铝土矿是优势矿产资源，其余矿产如铅锌矿、铜矿、铁矿等也有分布，但储量较少。

幕后英雄——锰

锰在生活中也常常用到，比如在铁里加了锰，铁就会变得更加坚硬；我们使用的手机、电脑的电池也有锰的身影。所以，它就像一位幕后英雄，虽然看起来不怎么起眼，却在很多地方有着至关重要的作用。锰是一种灰白色、硬脆、有光泽的过渡金属，纯净的金属锰是比铁稍软的金

锰矿石

属，含少量杂质的锰坚硬而脆，放在潮湿处会氧化。锰广泛存在于自然界中，土壤中锰含量约 0.25%，茶叶、小麦及硬壳果实含锰较多。中国锰矿资源较多，分布广泛，在全国 21 个省（市、自治区）有产出，但湖南、广西的锰矿资源最为丰富，约占全国总储量的 55%。其中，广西主要分布于崇左、防城港等地，储量超亿吨。

隐形冠军——铝

铝的身影无处不在，却常被忽视。它是轻盈的金属巨人——小到易拉罐、手机外壳，大到飞机机身、高铁车厢，铝凭借轻便、耐腐蚀的特性成为现代工业的"骨架"。纯净的铝呈银白色，柔软且有延展性，但在空气中会迅速形成氧化膜，隔绝腐蚀，宛如穿上天然"防护服"。铝是地壳中含量最丰富的金属元素，却极少以单质形态存在，多藏身于铝土矿中。这种矿石经提炼后，铝便以金属形态进入人类生活。中国的铝土矿资源丰富，山西、河南、广西等地储量尤为突出，其中广西平果的铝土矿储量超 10 亿吨，品质优良，支撑着全国近三分之一的氧化铝产能。

铝矿石

有毒的金属——铅

铅是一种柔软、延展性强的弱金属，它原本的颜色是青白色，在空气中表面很快被一层暗灰色的氧化物覆盖。铅可用于制作铅酸蓄电池、弹头、炮弹、焊接物料、钓鱼用具、渔业用具、防辐射物料、奖杯和部分合金等。铅在地壳中含量不高，自然界中也只是有少量而已。铅是有毒的，如果不小心摄入或吸入，就会影响健康。

铅矿石

赤金——铜

纯铜是柔软的金属，表面刚切开时为红橙色带金属光泽，纯净的铜是淡紫红色的，所以古代人们又叫它"赤金"。铜的延展性好，导热性和导电性高，因此是电缆和电气、电子元件最常用的材料，也可用作建筑材料，还可以组成多种合金。铜合金机械性能优异，电阻率很低，其中最重要的是青铜和黄铜。此外，铜也是耐用的金属，可以多次回收而无损其机械性能。铜在地壳中的含量约为0.01%，在个别铜矿床中，铜的含量可以达到3%～5%。

铜矿石

黑色金属——铁

铁在生活中运用比较广泛，像建房子、建桥梁、制造船舶和汽车等都离不开铁。它在地球的含量也比较多，达到4.75%，仅次于氧、硅、铝，位居地壳元素含量第四位。纯铁是柔韧而延展性较好的银白色金属，可用于制造发电机和电动机的铁芯；还原铁粉可用于粉末冶金；钢铁可用于制造机器和工具。铁及其化合物还可用于制磁铁、药物、墨水、颜料、磨料等，是工业上所说的"黑色金属"之一。

铁矿石

旅游资源

去过海边的朋友们，相信一定会很难忘记那一望无际的大海，海边的落日以及那温柔的海风。北部湾也有丰富的旅游资源，北海、钦州和防城港等地方，不仅有阳光、海水、沙滩，而且文化底蕴厚重，富有边关景观和少数民族文化特点的滨海风情。在北部湾，除了五大海岛以外，还有海滩、红树林等风景，我们一起通过文字来一饱眼福吧！

"中国第一滩"——银滩

银滩位于广西北海市银海区南海沿岸，处于广西南端，西起侨港镇渔港，东至大冠沙，由西区、东区和海域沙滩区组成，它的总面积约为

巨型不锈钢雕塑《潮》

38平方千米。北海银滩的沙子在阳光下，洁白、细腻，会泛出银光，所以被称作银滩，又被称为"中国第一滩"。

银滩景区属亚热带海洋性季风气候，冬季较短，夏季很长，春、秋季不明显且时间短。在冬季里，只要日照时间一长，日间气温就会上升，让人感觉舒适而暖和。在某些年份的春节，甚至可以穿着衬衣、短裙出门而不会感觉寒冷。

北海银滩度假区由银滩公园、海滩公园、恒利海洋运动度假娱乐中心和陆岸住宅别墅、酒店群组成。度假区内的海域海水纯净，陆岸植被丰富，环境幽雅宁静，空气格外清新。银滩公园沙滩面积为8万平方米，浴场面积为16万平方米，可同时容纳1万人入水游泳。公园内有大型激光音乐喷泉、九龙玉船以及巨型不锈钢雕塑《潮》等景点。

金色沙子的金滩

金滩位于广西东兴市尾岛上，面积约15平方千米，因沙色金黄而得名。金滩集沙细、浪平、坡缓、水暖于一身，海水清澈，是广西继北海银滩之后的又一个滨海旅游胜地。金滩沙色金黄，细腻而柔软，纯天然的沙滩绵延数十里。站在金滩上，迎着海风，隔着蔚蓝色的海水，可以遥望西南方向水天一色的越南海景。每当潮水退去，湿漉漉的十里沙滩上，潮纹隐现、珠玑遍地，各种各样的海滩动物纷纷"崭露头角"，大大小小的螃蟹横行无忌。

值得一提的是，金滩的日出和日落堪称一绝。清晨，太阳从海平面缓缓升起，金色的阳光洒在沙滩上，仿佛给整个海滩披上了一层金色的外衣。傍晚时分，夕阳西下，天空被染成了橙红色，与金色的沙滩相互映衬，构成了一幅美轮美奂的画面。

七月的金滩

绿色的红树林

红树林明明是绿色的，为什么叫红树林呢？其实呀，那是因为在红树林里，以红树科植物为主，这类植物的枝叶多是绿色，但根部是红色的，因为它们的根部含有很多单宁酸，这种物质无色、透明，但与空气接触时会发生氧化反应而呈红色，红树林因此得名。

北部湾的山口国家级红树林生态自然保护区位于广西合浦县沙田半岛东西两侧，海岸线长 50 千米，总面积为 80 平方千米，是我国大陆海岸发育较好、连片较大、结构典型、保存较好的天然红树林分布区，也是我国第二个国家级的红树林自然保护区。它是 1990 年 9 月经国务院批准建立的我国首批国家级海洋类型保护区之一，并于 1993 年加入中国"人与生物圈"，1994 年被列为中国重要湿地，1997 年 5 月与美国佛罗里达州鲁克利湾国家河口研究保护区建立姐妹保护区关系，2000 年 1 月加

山口国家级红树林生态自然保护区（梁永延　摄）

入联合国教科文组织世界生物圈，2002 年被列入国际重要湿地。

　　红树林是热带、亚热带海岸潮间带特有的胎生木本植物群落，素有
"海上森林"之称，幽秘神奇、倚海而生，密密麻麻的树木，就像一位位
穿着绿色衣裳的少女在海水中沐浴。涨潮时，只看到她顶部的树冠，退
潮时，她那带有海泥芬芳的树干才露出来。

迷人的海港风光

　　北部湾的海港风光有很多，这里主要介绍三娘湾、簕（lè）山古渔村
和冠头岭。

　　三娘湾地处广西北部湾沿海，位于广西钦州市犀牛脚镇南面，东与
北海隔海相望，西与钦州港毗邻。其地理位置十分优越，拥有丰富独特
的旅游资源。三娘湾不仅以中华白海豚而闻名于世，还以神奇、壮丽的
大潮而著名。那里有碧绿的海水、柔软的沙滩、神奇的海石以及绿林、
渔船等。

钦州三娘湾海滩

　　簕山古渔村地处广西防城港市企沙半岛东南面，距离防城港市行政中心约 25 千米，是一个面积约 0.32 平方千米的半岛村落。村庄树林清幽，礁石魔幻，岗楼威赫，具有较深厚的历史文化底蕴，是北部湾历史

簕山古渔村

较为悠久的渔村部落。渔村属南亚热带海洋性季风气候，年平均气温为21～23℃，阳光充足，雨量充沛，热季长，气温高。籰山古渔村因海而生，傍海而居，当地村民的主要收入来源是养殖和捕捞沙虫、牡蛎、青蟹、文蛤、对虾等海产品，因海而得福，所以对海洋抱有敬畏之心、感恩之心、企盼之心。

冠头岭位于广西北海市西尽端，距北海市区8千米，岭长3千米，像一条青龙横卧在市区西南端。冠头岭由主峰望楼岭与风门岭、丫髻岭、天马岭等山峦群体组成，东北延伸至石步岭南麓而止，同向潜脉与石步岭、地角岭相连。因整个山岭形状"穹隆如冠"而得名。主峰高120米，登峰可观日出日落、万顷海涛和晚上点点渔火的迷人景色。临海一面有海蚀平台陡岩，错落别致，千姿百态。它是国家级森林公园，占地面积为2.5平方千米。

四大人文景观

拥有古老传说的大士阁

传说很久以前，有一天晚上，北海市合浦县城山口镇永安村的村民都做了同一个梦，一个白衣仙人问他们，如果在村里建一座宫殿，他们是否愿意参加？答应参加的人都跟仙人去参加劳动了。第二天醒来，他们都感到浑身酸痛，似乎昨晚真的干了一夜的活。当他们来到梦中劳动的工地时，发现那里竟然真的有一座新建的宫殿。在宫殿旁还建有一排碑廊，碑廊上刻着建造宫殿者的名字，凡是前一天晚上在梦中报名参加建造宫殿的人，他们的名字都在上面。大家认为，这肯定是观音大士显灵了，于是就把这座宫殿保留了下来，并叫作大士阁。

传说终归是传说，实际上，据史料记载，大士阁建于明朝，又叫四牌楼，是合浦县保存最久的一座古建筑物，也是国家级重点文物保护单位，还是中国距离海洋最近的古建筑之一。明代至清代，合浦地区曾遭受多次风暴和地震，附近几里内庐舍倒塌，唯独大士阁岿然屹立。

大士阁占地面积为397平方米，坐北向南。面阔三间，进深六间，分前后两阁、上下两层，两阁相连，浑然一体。它的屋顶雕刻有各种形象生动的鸟、兽、花卉等，非常漂亮。大士阁最主要的特点是，整座房子不用一根铁一颗钉。它主要承重结构为36根木圆柱，柱脚不入土，支承在宝莲花石垫上。石垫只入土10～15厘米，下面没有基础。各柱间有72根木梁连系着，屋檐有3级挑梁，每级均有木垫子承托，亭内各梁间也有木垫子作支撑，全阁梁柱均为榫卯连接，不用铁钉钉。它被誉为

大士阁

"南海古建明珠"，在建筑学上有较大的历史、科学、艺术价值，更是研究南方古建筑的重要实物资料。

伟大诗人苏东坡曾到过北海

横看成岭侧成峰，远近高低各不同。

不识庐山真面目，只缘身在此山中。

我们从小背的这首诗，大家都知道是伟大诗人苏东坡写的。那么，大家知不知道苏东坡曾到过北海呢？

苏东坡 62 岁的时候，因为"乌台诗案"而坐牢，从广东惠州被贬到海南岛，三年后被召回合浦，住在清乐轩，在此期间，他还写下了《书合浦舟行》《游北海》《戏和合浦僧》等诗歌文章。后来，人们为了纪

东坡亭

念他，就在清乐轩修建了东坡亭。

东坡亭位于北海市合浦县合浦师范学校内，它是二进亭阁式砖木结构建筑，占地面积约为230平方米。东坡亭坐北朝南，分为前后两进。第一进为别亭，两侧有两大圆门相拱，使这间规模不大的建筑得以在平凡中透出几分不俗的气势。第二进为主亭，正门上方悬"东坡亭"三字大匾额，是广州六榕寺铁禅和尚写的，这幅字的书法苍劲凝重，是整个东坡亭的灵魂所在。正面壁上，有一幅苏轼阴纹石刻像，像中的东坡居士慈善，目光炯然，有一种仙风道骨、大家风范的气势。亭的内外墙壁上，镶有历代许多文人墨客题咏的碑刻，书体或楷或草或隶或篆，应有尽有，堪称一部展开的书法大全。亭的四周则以回廊环绕，挡住了烈日的暴晒、风雨的摧蚀。游人漫步其间，能恬然欣赏四周景色和壁上碑刻。亭阁湖水环绕，波光潋滟，垂柳成荫，风景优美。

千年海角亭

注意哦，这里的海角不是成语天涯海角里的"海角"，而是建在北海市合浦县廉州镇的一座亭子，叫海角亭。它始建于北宋景德年间，距今已1000多年。元代海南海北道肃正廉访使范梈的《海角亭记》载："钦、廉僻在百粤，距中国万里。郡南皆大洋，而廉又居其末，故曰海角也。"亭名由此而得。

海角亭是为了纪念东汉时期的合浦太守孟尝所建，据说当时由于政府管理不善和人们过度捕捞，珍珠产量大幅下降，产业几乎凋零。孟尝采取了果断措施，禁止滥捕，仅用一年时间就恢复了珍珠的生产。

1981年，海角亭经合浦县人民政府重修后，恢复了原貌。全亭分为前后两进。第一进为亭的门楼，面阔三间。正门是大圆拱门，两旁是耳门。屋檐由两层砖叠突出，古朴美观。正门上方镶嵌着"海天胜境"石额。两耳门分别刻有"澄月""啸风"字样，是康熙年间襄平徐成栋所

海角亭

书。第二进为亭的主体，呈正方形。亭的后面敞开，两侧大圆窗相对，四周有回廊，廊边有檐柱，亭四向上下檐之间皆是图案棂窗。屋脊雕刻精致，中央有博古图案，上置草尾伴红日，两旁鳌鱼相对，上檐角卷翘草尾，下檐角四狮雄踞，形态生动。

美丽的珍珠城

珍珠城的遗址位于北海市铁山港区营盘镇白龙村，距北海市区约60千米。此外，它还叫白龙城，传说古时有一条白龙飞到此地上空，落地后不见踪影，人们认为白龙降临地乃吉祥之地，便在这里建城，因此又称为白龙城。

　　这里盛产珍珠，珍珠质优色丽，以"南珠"之称闻名于世。珍珠城为正方形，南北长320米，东南宽233米，周长1107米，墙高6米，城基宽6米，条石为脚，火砖为墙，中心由黄土夹珠贝夯筑而成。珍珠城有东、南、西三个城门，门上有楼，可瞭望监视全城和海面，城内设采珠公馆、珠场司、盐场司和宁海寺等。城墙内外砌火砖，中心每10厘米黄土夹一层珍珠贝贝壳，层层夯实，珍珠城因此得名。城墙周围有很多古代加工珍珠的遗址，以及明代李爷德政碑、黄爷去思碑等遗迹，还有很多散落的残贝，这些都反映出当年采集珍珠的繁荣景象。

白龙珍珠城南门

蓝碳资源

海洋是支撑未来发展的资源宝库和高质量发展的战略要地，向海之路是一个国家发展的重要途径。广西是我国南方生态安全屏障，毗邻的北部湾海域蔚蓝洁净、浩瀚辽阔，是筑牢这道屏障的坚实力量之一。

认识蓝碳

大家都知道，绿色植物可以吸收二氧化碳、释放氧气，因此，森林被亲切地称为"氧吧"。但很少有人知道，在我们赖以生存的地球上，最大的二氧化碳吸收器和存储器是海洋。

在自然界中，通过光合作用将大气中的二氧化碳去除（吸收）、固定并保存下来的碳，叫作绿碳。但如果这个过程发生在海洋里，那就是蓝碳。所以，蓝碳是指通过海洋和海岸带生态系统吸收并固存的碳，它的储存形式主要包括生物碳和沉积物碳。其中，红树林、海草床、盐沼是3个重要的海岸带蓝碳生态系统，大型海藻、贝类乃至微型生物也能高效固定并储存碳。这些生态系统通过光合作用吸收大气中的二氧化碳，并将其固定在海洋沉积物中。

蓝碳不仅有助于应对气候变化、保护生物多样性和推动可持续发展，更是实现碳达峰、碳中和目标的关键因素。所以我国正在大力发展蓝碳。

我国的蓝碳总体情况

我国具有得天独厚的发展蓝碳的自然条件。

我国拥有 1.8 万多千米的大陆海岸线，以及 200 多万平方千米的大陆架。海岸带分布着各类滨海湿地，除了浅海水域、潮下水生层和珊瑚礁，还包括红树林沼泽、盐沼湿地等，面积约为 6 万平方千米。这种独特的地理环境优势，使得蓝碳成为我国碳汇事业必不可少的组成部分。我国科学家相继成立了"全国海洋碳汇联盟"和"中国未来海洋联合会"，推出了"中国蓝碳计划"，集中力量来研究蓝碳。

海洋植物捕获碳能力极其强大且高效，虽然它们的总量只有陆生植物的 0.05%，但单位面积的固碳能力（尤其是红树林、海草床和盐沼）远超陆地植物，年碳封存量可达陆地生态系统的 50% 以上。蓝碳生态系统覆盖的面积还不到全球海底面积的 0.5%，但贡献了海洋沉积物中 50% 以上的碳埋藏量，形成植物的蓝碳捕集和移出通道。海岸带植物生境中的红树林、盐沼湿地和海草床，尽管面积小，但单位面积的碳储量远大于海洋沉积物的碳存储量。北部湾也有红树林、盐沼湿地、海草床和珊瑚礁，它们是北部湾蓝碳的重要组成部分。

海岸卫士——红树林

防城港北仑河口红树林保护区

什么是红树林

红树林是生长在热带、亚热带海岸潮间带的常绿乔木或灌木组成的湿地植物群落，是陆地向海洋过渡的特殊生态系统。其组成植物具有发达的根系，能够在海水中生长。红树林在净化海水、防风消浪、维持生物多样性和固碳储碳等方面发挥着极为重要的作用，被誉为"海岸卫士"和"海洋绿肺"。

红树林主要分布在我国的浙江、福建、广东、广西和海南等省（自治区）。截至 2025 年 2 月，我国红树林面积已达 3.03 万公顷。红树林生态系统不仅为鱼类、虾类、蟹类和贝类提供了繁殖和生长的场所，还吸引了大量的水禽和鸟类，成为它们的重要栖息地。

红树林怎样固碳

红树林的生产力较高，它通过光合作用吸收大气中的二氧化碳，并将其储存在植物组织和土壤中，从而降低大气中的二氧化碳浓度。红树林的固碳能力非常强，单位面积的固碳量远高于森林生态系统。红树林的碳库包括初级生产力（凋落物、树木和根系的生物量），和红树林土壤固定的碳，其中深度在 1 米以内的土壤是红树林生态系统主要的碳汇，占总固碳量的 82%。由此可见，红树林对维持和恢复蓝碳，保护海岸带生态系统的碳汇功能有着非常重要的作用。

红树林的分布情况

前面我们已经介绍过北部湾的红树林的基本情况了，接下来，我们主要了解红树林是如何成为蓝碳的重要组成部分的。

红树林是生长在热带、亚热带静水海岸潮间带的生态系统。其分布位置受周期性潮水浸淹，植物群落是以真红树植物（如白骨壤、秋茄）和半红树植物（如海芒果）为主体构成的常绿灌木或乔木群落。红树林是陆地向海洋过渡的特殊生态系统，也是全球物种多样性最丰富的生态系统之一，生物资源非常丰富。其组成植物能同时适应海洋环境和陆地环境，根系非常发达，并具有呼吸根或支柱根。某些植物的种子可以在树上的果实中萌芽，长成小苗后才脱离母株，脱离母株后的小苗坠入淤泥中继续发育生长，这样的繁殖方式和动物的胎生方式十分相似，因此这类植物也被称为胎生植物。胎生植物在红树林中十分普遍。

红树植物发达的根系

红树林中生长的木本植物可分为真红树植物和半红树植物。真红树植物仅生长于潮带间，半红树植物生长可延伸至陆缘，其他草本或藤本植物称为红树林伴生植物。红树林里的常绿乔木和灌木林非常茂密，涨潮时，树干全被海水淹没，只有树冠露出水面；退潮后，树木的支柱根、呼吸根又挺立在滩涂上，形成独特的"海上森林"景观。红树林所处的环境极不稳定，海水的涨落对植物的生存会形成极大的威胁，如果没有非凡的"本领"，就难以在海滩上"定居"。就拿胎生植物来说，如果成熟后种子马上从母株脱离，就会落入海水中被无情的海浪冲走，失去生存的机会。因此，红树林中的植物慢慢演化出了"胎生"现象。

红树植物的胎生幼苗

全球约有 50 多种红树林树种。在中国，有 26 种真红树乔木和灌木，11 种非专有的半红树乔木和灌木，以及 19 种常见伴生植物。广西是我国红树林分布区之一，主要分布于英罗港、丹兜海、铁山港、大风江口、钦州港、防城江口、暗埠江口、珍珠港、北仑河口等区域。在北部湾，红树林的现代地理分布主要分为两大部分，即人工海岸和自然海岸。人工海岸红树林面积约占 55%，其中标准海堤红树林面积和简易海堤红树林面积各约占人工海岸红树林面积的一半；而岛屿、台地、山丘等自然海岸红树林面积约占 45%。

红树林的群落构成

在北部湾地区，红树林主要分为 11 个群系，它们分别是：白骨壤群系、桐花树群系、秋茄树群系、红海榄群系、木榄群系、无瓣海桑群系、银叶树群系、海漆群系、海芒果群系、黄槿群系以及老鼠簕、卤蕨、桐花树混生种群系。其中，白骨壤群系、桐花树群系、秋茄树群系分布最为广泛。

先锋战士——白骨壤

白骨壤是红树林中广泛分布的真红树植物，因为它的茎秆是白色的，像骨头一样，所以叫白骨壤，也有人叫它"海榄雌"。它主要生长在红树林靠近大海的那一侧，所以大家都称它为"先锋战士"。广西的白骨壤群丛分布很广，面积为 2276.2 公顷。北海市的白骨壤群丛面积占广西白骨壤群丛总面积的一半多，达 1291.1 公顷，主要分布在南流江口以东

白骨壤胚轴（梁永延　摄）

的潮滩上。防城港市的白骨壤群丛面积为 881.6 公顷，主要分布在东湾、西湾和珍珠港内。钦州市的白骨壤群丛面积仅 103.5 公顷，主要分布在钦州港。

保护神——桐花树

桐花树又叫蜡烛果、浪紫等。它的幼果形状像小小的蜡烛火苗，这可能也是人们叫它"蜡烛果"的原因。果实逐渐成熟后，会变得弯曲，像一轮弯月。广西的桐花树群丛面积为 2806.6 公顷，其中北海市有 632.2 公顷，防城港市有 363.8 公顷，钦州市有 1810.6 公顷，多分布在有较多淡水调节的河口区，如南流江口、大风江口、钦江口等。和白骨壤一样，桐花树主要生长在红树林靠近大海的那一侧，所以大家都叫它海岸的"保护神"。

桐花树胚轴（梁永延　摄）

水笔仔——秋茄树

秋茄树的果实形状和我们平时吃的茄子非常相似，所以人们叫它"秋茄树"，但是也有人叫"水笔仔"，因为它的果实瘦瘦长长的，像笔

秋茄树

秋茄树胚轴（梁永延　摄）

一样。秋茄树群系分为三种，分别是秋茄树群丛、秋茄树＋白骨壤＋桐花树群丛、秋茄树＋桐花树群丛。秋茄树群丛面积为 362.2 公顷，其中北海市有 205.9 公顷，防城港市有 84.5 公顷，钦州市有 71.8 公顷；秋茄树＋白骨壤＋桐花树群丛面积为 87.2 公顷，其中北海市有 53.4 公顷，防城港市有 33.8 公顷；秋茄树＋桐花树群丛面积为 981.9 公顷，其中北海市有 268.3 公顷，防城港市有 166.6 公顷，钦州市有 547.0 公顷。

红树林的生物多样性

红树林是生物的理想家园，许多鱼、虾、蟹等水生生物以及小鸟都喜欢到红树林里栖息和觅食。有些红树林甚至还偶有野猪、狸类及鼠类等小型哺乳类动物出没。此外，红树林也会吸引一些蜂类、蝇类和蚂蚁等，它们对红树植物的传粉和受精起着重要的作用。

植物资源丰富。在广西北部湾红树林区，红树植物有 8 科 10 属 10 种，半红树植物有 4 种，红树植物种类排在全国第二位，仅次于海南。动物资源也极为丰富，包括底栖动物、浮游动物、游泳动物、鸟类、昆虫等。北部湾的动植物资源共同构成了一个结构复杂、资源丰富的生态系统。

浮游植物多样。浮游植物是指在水中以浮游方式生活的微小植物，主要指各种藻类。北部湾不同红树林区以及不同季节（春季和秋季）的浮游植物优势种存在明显的差异。如铁山港红树林区，春季的最大优势种是颤藻，而到了秋季，优势种变为硅藻类。

浮游动物多样。浮游动物是指在水中游动的微小动物。在北部湾地区，不同的红树林区以及不同季节（春季和秋季）的浮游动物的优势种也存在明显差异。如铁山港红树林区，春季除个别哲水蚤（如拔针纺锤水蚤）外，主要为各类浮游动物幼体。其中，无节幼体占比较大。而到了秋季，长腹剑水蚤则成了最主要的优势种。

底栖生物多样。底栖生物是指主要生活在水底下的动物和植物。在北部湾红树林区，底栖生物种类繁多。红树林区常见的底栖软体动物有黑口滨螺、珠带拟蟹守螺、小翼拟蟹守螺、粗糙滨螺、红果滨螺、紫游螺、团聚牡蛎、石磺等。红树林区主要的甲壳类动物有长足长方蟹、褶痕相手蟹、弧边招潮蟹、扁平拟闭口蟹、双齿相手蟹、明秀大眼蟹等。红树林区主要的多毛类动物有长吻沙蚕、小头虫、独齿围沙蚕、软疣沙蚕、疣吻沙蚕等。

红树林的功能

现在，想必现在大家对红树林有了一定的了解。那么，红树林有这么多优势，它的作用到底都有些什么呢？

原来，红树林可以进行食物链转换，林中掉落下来的果实、花朵、树叶可以为海洋里的动物提供食物。同时，红树林区内发达的潮沟会吸引深水区的动物前来觅食、栖息和繁殖。此外，因为红树林生长于亚热带和温带地区，气温温暖，所以有很多候鸟飞来这里过冬，甚至有些鸟

红树林中的候鸟（梁永延　摄）

直接在红树林里觅食、栖息和繁殖。

在防城港的红树林，可以观察到许多种类的候鸟。据林业部门监测统计，每年途经防城港市迁徙的候鸟数量超过 30 万只，有迁徙记录的候鸟种类更是高达 299 种以上，包括鸻鹬类、鸥类等 60 多种鸟类。其中，小青脚鹬、黄嘴白鹭、黑脸琵鹭、黑嘴鸥等国家一级重点保护鸟类，也喜欢停留在防城港的海域和滩涂上停歇、觅食，为长途迁徙储备能量。

红树林另一重要的生态效益是防风消浪、促淤保滩、固岸护堤、净化海水和空气等功能。红树林盘根错节的发达根系能有效地滞留陆地来沙，减少近岸海域的含沙量；茂密高大的枝体宛如一道绿色长城，可有效抵御风浪侵袭。红树林素有"海底森林"之称，其用途较广，树木可作建筑材料，用于建造桥梁、矿柱、枕木和桅杆等。有些红树植物可用作药材、香料，果实可以食用或酿酒，从树皮中提取的鞣质可作染料。红树植物花多、花期长，是放养蜜蜂的理想区域。红树林还有护堤防浪、净化水污染等多重用途。

红树林的植物可以用来做什么？

红树林里有各种各样的植物，那么这些植物都有什么作用呢？俗话说"民以食为天"，这些植物最重要的作用之一就是为人们提供食物。

白骨壤的果实去皮后炒来吃，或者晒干后用来泡茶、煮汤喝；其叶片因富含氮、钾元素，可以用来喂猪、喂牛等，甚至还可作为海水养殖中的鱼饵料。秋茄树、木榄、红海榄的胚轴富含淀粉，去皮后与米粉、甘薯粉混合后制成米饼，曾经是灾荒时的救命粮。卤蕨的嫩叶和黄槿的嫩叶、嫩枝也可作为蔬菜食用。桐花树、木榄、海漆等是较好的蜜源植物。红树林蜂蜜呈淡黄色，产量高，品质仅次于荔枝蜜。此外，红树植物的叶子肥厚且含氮丰富，是一种优良的有机绿肥，特别是由枯枝落叶堆沤而成的榄头泥肥效更高。以前，人们都将它作为基肥施用于庄稼，使产量提高。

除了可以用来做食物和肥料，红树林的植物还可以广泛应用于我们的生活中。红树植物的根形状各异，很适合用来做根艺、根雕。海漆的木材共鸣效果好，可用来制作小提琴等乐器。木榄树干通直，质地坚硬，可用作建筑材料。红树植物木材可以直接作为造船的原材料，如用木榄来制作尾舵、桅杆等。红树植物富含鞣质，可用作化工原料；也可提取纤维素黄原酸酯，用于生产轮胎帘子布、工业传送带、玻璃纸和纸浆等。此外，红树植物的提取物还被广泛应用于制作熏香、胶水、蜡、墨水、纺织品保护剂、颜料转化剂、防腐剂、防锈剂、杀虫剂等。

红树植物还具有很高的药用价值。木榄、银叶树、白骨壤、老鼠簕、海芒果、海漆、黄槿等在民间常用来入药。红树植物多用于消炎解毒，部分还具有收敛、止血等作用，可用于治疗烧伤、腹泻及炎症等。白骨壤的叶经研碎后可用于治疗脓肿，种子的水提取物可用于治疗疼痛，果实可用于治疗痢疾，未熟的果实剁碎敷在患处可医治皮肤病，晒干的果实用少量水煎煮饮用，有凉血败火、降血压的功效，还能用于治疗重感冒。老鼠簕的叶可用于治疗风湿骨痛，根捣烂外敷可治疗毒蛇咬伤，果实与根捣碎成糊状可治疗跌打刀伤。木榄胚轴水煮口服可治疗腹泻。红海榄树皮熬汁口服可治疗血尿症。此外，老鼠簕、木榄还具有抗癌作用。因此，从红树植物中开发的止血药物、消石利尿药物和抗癌药物具有广阔的市场前景。

红树属植物较耐腐蚀，因此也常被用于制作渔具，如捕蟹器具等。木榄等红树树皮的提取液常用来浸泡渔网，可以起到防腐作用。红树植物的胚轴还可以种到花盆中，是很好的盆栽植物。红树植物的苗木是海岸带造林的重要苗木来源，具有很高的利用价值。在北部湾，人们还利用红树植物建造海堤，以抵抗蚁害。例如，海堤的外层用石块砌成，夹层则采用一层泥土一层红树植物的结构。据调查，木榄用得最多，桐花树则是扎成捆后铺垫。这种由石块、泥土、红树植物混合建造的海堤不仅造价低、施工方便，而且还能有效抵御蚁害。

红树林的动物可以用来做什么？

据相关统计，北部湾红树林的大型底栖动物有 260 多种，包括星虫类、贝类、蟹类、虾类和鱼类等。它们有什么作用呢？

我们先来说说星虫类。星虫类的沙蚕既可以食用，也可以入药。食用沙蚕有助于治疗胸闷、痰多、潮热、阴虚盗汗、牙龈肿痛等疾病，民间常用它煮粥喂养幼儿。可口革囊星虫俗称"泥丁"，是广西沿海居民的主要采挖取的产品。光裸星虫俗称"沙虫"，是广西沿海的名优特产。光裸星虫的提取物——星虫素，是一种毒性很强的毒素，可用来制造杀虫剂，对原生动物、蠕虫和甲壳类动物具有致瘫痪的作用。用这种杀虫剂来消灭农业害虫，可以使害虫中毒、麻痹并软化死亡。由于星虫素是生物体内的自然成分，容易分解，没有残毒，所以使用后不会像化学农药那样造成环境污染。

沙虫

　　我们再来看看贝类。北部湾的贝类包括牡蛎、泥蚶、文蛤、大竹蛏、异毛蚶、缢蛏等。它们味道鲜美，主要是用来食用。

菜市场销售的新鲜贝类

　　我们接着看蟹类。北部湾的蟹类以锯缘青蟹为主。锯缘青蟹是贵重的滋补品和药用动物，具有降压、消水肿、开胃等功效。长腕和尚蟹是广西沿海著名土特产"沙蟹汁"的主要原料，方蟹过去常被加工成"咸水蟹"出售。

锯缘青蟹

最后，我们来看看虾类和鱼类，这些可是常见的海鲜呐！北部湾的经济虾类包括刀额新对虾、长毛对虾、宽沟对虾、脊尾白虾等。北部湾的经济鱼类主要有中华乌塘鳢（lǐ）、弹涂鱼、鲤虎鱼、杂食豆齿鳗等。随潮水进入红树林区的鱼类有斑鲦（jì）、中华小公鱼、大眼青鳞鱼、边鲹（jiān）、条鳊（fú）、短吻鲾、鲷鱼、鲻鱼、圆颚针鱼等。这些都是经济价值较高、味道鲜美的海产品。

拯救红树林

红树林的作用很多，但过去因为人们保护意识不足，对红树林进行围林养殖、围海造田、乱砍滥伐等，北部湾的红树林面积正在慢慢变少。尤其是近20年来，人们大规模地把红树林围起来养鱼、养虾、养鸭等，给红树林带来灾难性的破坏。所以，保护红树林责任重大、意义深远！

那么，如何保护好红树林呢？以下是几条可行的做法。

第一，防治病虫害。树木最怕病虫害，所以保护红树林首先要采用先进的科学防治方法防治病虫害，同时要做好对病虫害的监测，有目的地保护、招引、繁殖益鸟，保护昆虫天敌，必要时请专家会诊防治。

第二，适度开展生态旅游。红树林作为旅游区域，必须在保护的前提下开发旅游，绝不能以破坏生态环境为代价来换取旅游效益。可优先发展生态观光、寻幽探险、休闲度假、水上娱乐、科学考察、科普教育等对湿地破坏性较小的旅游方式，这样既能满足旅游需要，又能保护红树林。

第三，开展必要的科学研究。在广西北部湾红树林区域开展必要的科学研究，进行一次大规模的资源调查研究，将保护区内各种生物的保存数量和生长生活规律摸清，根据各种生物的不同情况，采用不同的保护措施。

第四，提高保护区的管护能力。当前有许多与湿地类型保护区有关的政策和法规，如《中华人民共和国森林法》《中华人民共和国野生植物保护条例》《中华人民共和国自然保护区条例》和《中华人民共和国环境保护法》等。制定和完善红树林保护政策、建立法律体系并严格遵守执行，是实现广西北部湾红树林湿地保护的重要保证。

第五，加大宣传与教育力度。红树林湿地保护的成功很大程度上取决于当地群众的支持，所以要充分利用广播、电视、互联网等宣传途径，向当地群众开展红树林保护的基本知识和保护重要性的宣传。可针对沿海渔民伏季休渔期和喜欢到镇上赶圩的习俗，利用人员较集中的有利时机进行保护政策的宣传。

海洋之肺——海草床

海草床

什么是海草床，主要分布在哪里？

海草是生长在河口和浅岸水域的植物，可以完全在海水中生长。海草的种类非常丰富，研究表明，全球海草种类有 72 种，而中国现有海草 22 种，分为四大类：丝粉藻（海神草）科、水鳖科、大叶藻科、川蔓藻科。因为大片大片的海草连在一起，就像一张毛茸茸的大床，海里的鱼、虾、贝壳等动物常常在那里停留、休息，所以叫作海草床。

海草床是典型的海洋生态系统之一，也是地球生物圈中最富有生产力、服务功能价值最高的生态系统之一，具有重要生态意义。它在全球碳、氮、磷循环中具有重要作用，而且还有减弱海浪冲击力、固定底质、保护海岸线的作用。

海草在全球范围内广泛分布，我国从黄渤海一直到南沙群岛附近的海域都有海草分布，广西和海南是热带—亚热带区域海草床的重要分布区。在北部湾，海草主要以喜盐草为主，主要分布在北海东海岸、丹兜海、茅尾海、钦州湾外湾、铁山港、珍珠港等地。其中，面积最大的是合浦海草床，位于铁山港和英罗港的西南部，基本上呈 8 块斑状分布，各斑块的面积为 20 ～ 250 公顷不等，总面积约为 540 公顷。

海草床怎样实现蓝碳效应？

海草床是红树林以外一个重要、典型的海洋生态系统，其固碳能力略低于红树林。研究表明，海草床是藻类生活的一个重要生境，已发现附生微藻种类达 150 种，其中大部分是硅藻。

海草床生态系统的固碳能力主要来源于四个方面：海草的初级生产力（是指海草通过光合作用吸收海水中大量的二氧化碳和含碳化合物，并将其转化为有机碳储存在海草植物内）、海草茎与根的固碳作用、海草上附生植物的固碳作用、海草草冠对有机悬浮颗粒物的捕获作用。海草床生态系统的固碳、储碳过程主要体现在几个方面。首先，海草自身的初级生产力高，其叶片上通常附着较多的生物，通过光合作用实现固碳作用。被海草植物固定的碳，有一部分会被运输到地下根状茎和根部存储。其次，海草床生态系统处在陆海交错带，是陆源物质入海后的前沿阵地，陆地径流输入的有机悬浮颗粒物等会被海草床生态系统截获，并促使它们沉积到海底，长期埋存于沉积物中，这是海草床固碳的另一条重要途径。封存于海草床沉积物中的有机碳长期处于厌氧状态，其分解率比存储在陆地土壤中的有机碳低，相对稳定。此外，位于海底的海草生境不受火灾等的干扰，病虫害相对较少，进一步增强了海草床生态系统的碳封存的稳定性。海草床等蓝碳生态系统可将碳封存于海底中达数千年，而陆地的热带雨林所封存的碳通常只能维持数十年，最多数百年。

综上，与其他生态系统相比，海草床生态系统所封存于海草床沉积物中的有机碳具有更低的分解率和更高的稳定性。

海洋托儿所

北部湾现有的海草场面积为 942.2 公顷，占全国海草场总面积的10%。海草场面积从大到小依次为北海市的铁山港沙背、铁山港北暮、山口乌坭、铁山港下龙尾、铁山港川江，防城港市的交东，北海市的沙田山寮，钦州市的纸宝岭，北海市的丹兜海。其中，广西防城港市交东海草场和北海市沙田山寮海草场以矮大叶藻较多。钦州市纸宝岭海草场、北海市丹兜海海草场则以喜盐草较多。海草床为海洋生物提供了重要的栖息地和育幼场所，那里有很多生物，所以人们又称海草床为"托儿所"。其中喜盐草就是儒艮的重要食物，该海草床的大部分已经划为国家级儒艮自然保护区。除了儒艮，该海草床还分布有 5 种对虾、2 种篮子鱼、3 种海胆、4 种海参、2 种海星，种类可谓是非常多了。

海草床的功能

海草床也可以开发利用起来，比如可以把海草作为饲料、化妆品、工艺品原料，或用于发展海水养殖业等。但由于北部湾的海草床受破坏严重，已很少作为饲料原料、工艺品原材料、化妆品原料等。

北部湾合浦的海草床所在区域的海水养殖主要以养螺和养贝为主，但由于养螺与养贝对合浦海草床破坏严重，现在已禁止居民在海草床区域养殖螺和贝。此外，海草床还具有护堤减灾、调节气候、维持生物多样性、科学研究、生态系统营养循环及净化水质等作用。

拯救海草床

和红树林一样，海草床也遭受了严重的破坏，它的面积也正在慢慢减小。尤其是围海养鱼、养虾，把大片的有海草的地方围起来，当成渔场、沙场，对海草床造成了毁灭性的破坏。要保护海草床，可以这样做：

第一，要摸清海草情况。要对海草种类资源和海草床分布情况进行全面普查，摸清海草种类资源和海草床分布状况，并在此基础上对海草种类进行濒危等级评估，填补《中国物种红色名录》中海草类植物的空缺。

第二，要建立自然保护区。建立自然保护区是保护与恢复海草床生态系统的重要保障。当前我国海草床保护区很少，因此，要建立海草床保护区与示范区，在保护区内加大对海洋环境及海草床生态系统的监控和保护力度。

第三，加强宣传和教育。和保护红树林的方法一样，要充分利用广播、电视、互联网等宣传手段，对当地的群众开展海草床保护基本知识和保护重要性的宣传，提高当地群众对海草保护的意识。

地球之肾——盐沼湿地

什么是盐沼湿地？主要分布在哪里？

人们通常把湿地称为"地球之肾"，盐沼湿地是湿地的一种。湿地的功能和人体的肾的功能一样，可以沉淀和过滤水里的有毒有害物质，起到净化水源、改善水污染的作用。

盐沼湿地是我国最普遍的湿地类型之一，主要分布于沿海 11 个省（自治区）和港澳台地区，总体上以杭州湾为界，分成杭州湾以北和杭州湾以南两个部分。杭州湾以北的盐沼湿地除山东半岛、辽东半岛的部分地区为岩石型海滩外，其余多为沙质和淤泥质型海滩，主要由环渤海滨

北海的滨海盐沼湿地

海湿地和江苏滨海湿地组成。杭州湾以南的盐沼湿地以岩石型海滩为主，其主要河口及海湾有钱塘江—杭州湾、晋江口—泉州湾、珠江口河口湾和北部湾等。

根据相关调查，北部湾滨海盐沼湿地面积约为 1000 公顷以上，并且它的面积正在逐渐扩大。

盐沼湿地怎样实现蓝碳效应？

盐沼湿地有着较高的碳沉积速率和固碳能力，在缓解全球气候变暖方面发挥着重要的作用。沉积物中有机物的来源分为内源输入和外源输入两种。

内源输入主要指湿地植被的地上凋落物和地下根残体、浮游植物、底栖生物的初级生产和次级生产的输入；外源输入主要指通过外界水源补给过程，比如说地面流进来的水，或者地下水和潮汐等携带进来的泥沙、生物等。

近年来，盐沼湿地在全球碳封存中的重要性备受关注，促进了相关研究的快速发展。然而，由于当前对控制滨海盐沼湿地碳储存变异的基本因素尚未认识充分，对测量盐沼湿地沉积物碳储量的方法还未形成统一标准等，因此在测量盐沼湿地碳储存时，很难进行准确的碳收支评估。

盐沼湿地的群落构成和功能

广西的滨海盐沼湿地的植物种类主要有 45 种。在北部湾滨海盐沼植物中，可以形成盐沼湿地、连续分布且面积在 1 公顷以上的有茳芏、短叶茳芏、互花米草、海三棱藨（biāo）草、芦苇、南方碱蓬等少数种类，其余种类分布较零散。常见的盐沼群落有茳芏群落、短叶茳芏群落、互花米草群落、芦苇群落等。北部湾滨海盐沼湿地与红树林经常形成交错带，常见的共生群落有桐花树＋茳芏群落、桐花树＋短叶茳芏群落、桐花树＋海三棱藨草群落等。

互花米草群落（施军　摄）

盐沼湿地与红树林交错带

滨海盐沼湿地的生态经济功能主要有促淤造陆、增加湿地面积，防风抗浪、减缓流速、保滩护岸，改良土壤、净化环境三个方面。

盐沼湿地是一个比较完整的生态系统。在该系统中，盐沼植物吸收光能和空气中的二氧化碳，将二氧化碳转变为有机物和能量并储存在根、茎、叶中。随着根、茎、叶的腐烂，再转变为有机质、腐殖质，成为微生物和小动物的食物，而微生物和小动物又成为各种鱼类和鸟类的食物。最后，这些鱼类和鸟类的粪便又增加了土壤的肥力，使盐沼湿地获得更好的发展。

盐沼湿地生态系统不仅能使其本身得以完善发展，而且能通过海水的作用，为邻近海域提供营养物质和能量。此外，盐沼湿地也为大量沿岸鸟类提供越冬的场所。

盐沼湿地是一个"沉积箱"和"转换器"，可以通过拦蓄径流中的悬浮物，移出和固定营养物质、有毒物质，沉淀沉积物等，降低土壤和水中营养物质、有毒物质及污染物的含量或使其转化为其他存在形式。湿地的净化与过滤功能有益于河流保持良好的水质和水域功能，防止因为泥沙的堆积而影响航运和分洪，同时可增加土壤中营养物质的含量，让土地更加肥沃。

北部湾盐沼湿地植物如芦苇、互花米草和海三棱藨草等分布较广，它们的根系发达，可深入土层40厘米处，对金属和非金属物质有较强的吸附作用，从而减少污水对水体的污染。因此，北部湾的滨海及河口的盐沼湿地成了稀释、净化污水的天然场所。盐沼湿地还具有调节区域气候的功能。一般来说，盐沼湿地周围地区的气候比其他地区相对温和湿润。盐沼湿地的晨雾还可以去除大气中的扬尘和颗粒物，从而净化空气，提高环境空气质量。

此外，盐沼湿地在控制洪水、调节河川径流、补给地下水和维持区域水平衡中发挥着重要作用，是蓄水防洪的天然"海绵"。广西北部湾地区降水的季节分配和年度分配不均匀，通过天然的盐沼湿地的调节，可以储存来自降水和河流过多的水量，从而避免发生洪水灾害。

要保护好盐沼湿地

保护盐沼湿地的生态意义主要表现在保护生物多样性，调蓄洪水、防止自然灾害发生，降解污染物、滞留营养物以及保护海岸线四个方面。而保护盐沼湿地的方法主要有以下几种。

第一，减少污染物的输入。虽然北部湾盐沼湿地有自净的功能，但是它的自净能力是有限的，超过了其承受的范围就净化不了了。所以，要加强对污水的治理，限制污水排放量。在港口等的开发过程中，应加大监管力度，尽量减少污染。

第二，对盐沼湿地进行保护和修复。水是盐沼湿地演化的重要驱动力，因此，在保护和修复盐沼湿地时，要充分保证盐沼湿地的生态需水。在北部湾流域水资源规划与水资源配置中，要将生态需水作为重要的内容，积极发挥流域管理机构的宏观调控作用，进行统一调度、统一管理，协调好上游、下游用水的关系，保证盐沼湿地的生态需水。

第三，应加强法治建设。在《中华人民共和国森林法》《中华人民共和国野生动物保护法》《中华人民共和国野生植物保护条例》《中华人民共和国渔业法》等不同的法律条文中，都有关于盐沼湿地的法律条款。要制定盐沼湿地保护与管理的专门法，才能明确盐沼湿地的管理内容和执行部门。

第四，公众的广泛参与是保障。要重视宣传、教育工作，培养公众的环保意识，让公众认识到滨海盐沼湿地保护的紧迫性，鼓励公众广泛参与盐沼湿地生态环境保护活动。可以在学校开设相关课程，对中小学生进行教育；通过电视、广播、网络等媒体广泛宣传盐沼湿地的环境功能及重要的经济价值；举办环保知识讲座，呼吁全社会保护盐沼湿地。

五彩斑斓的珊瑚礁

什么是珊瑚礁？主要分布在哪里？

我们在视频中看到的珊瑚，都是五彩斑斓、绚丽多彩的，它们像一座座小山丘或一对对小树枝，在海底尽情地释放自己的魅力。那么问题来了，这些珊瑚是植物还是动物呢？

其实啊，珊瑚礁的主体是珊瑚虫。珊瑚虫是海洋中的一种腔肠动物，在生长过程中能吸收海水中的钙和二氧化碳，然后分泌出石灰石，这些石灰石慢慢地变成它们的外壳。每一个单体的珊瑚虫只有米粒那样大小，

北部湾海域的珊瑚（梁妍妍　摄）

它们一群群地聚居在一起，一代代地生长繁衍，同时不断分泌出石灰石，并黏合在一起。这些石灰石经过后来的压实、石化，形成岛屿和礁石，也就是珊瑚礁。

珊瑚礁在深海和浅海中都有存在，它们为蠕虫、软体动物、海绵、棘皮动物和甲壳动物等多种动植物提供了生存环境。据统计，珊瑚礁里的海洋生物种类高达近 10 万种，占海洋生物种类的一半以上。由此可见，珊瑚礁是一种重要的海洋生态资源，被誉为"海洋中的热带雨林"和"蓝色沙漠中的绿洲"。

世界上近一半的海岸线位于热带，其中约有三分之一是由珊瑚礁组成的，100 多个国家有珊瑚礁分布。

在北部湾地区，珊瑚礁主要分布在涠洲岛的西南部、北部和东部以及斜阳岛，其中涠洲岛的珊瑚礁海岸发育较好，那里的珊瑚礁有 26 个属科共 43 个种类。涠洲岛珊瑚礁是我国最北端的成片珊瑚礁。

珊瑚礁怎样实现蓝碳效应？

珊瑚礁生态系统的碳循环是有机碳代谢（光合作用、呼吸作用）和无机碳代谢（钙化、溶解）两大代谢过程的共同作用，过程十分复杂。珊瑚礁植物的光合作用保证了有机碳的有效补充，动物摄食及微生物降解等生物过程驱动了珊瑚礁区有机碳的高效循环。其中，向大洋区水平输出的有机碳通量变化幅度较大。

作为发育在热带及部分亚热带海域的、具有高生产力水平的生态系统，珊瑚礁有机碳的循环效率很高，虫黄藻等藻类的光合作用是有机碳输入的稳定来源，直接影响到珊瑚礁生态系统的发育。同时，作为必要的补充，珊瑚礁生态系统也必然从礁外海水和生物中输入了碳。无机碳是珊瑚礁生态系统中碳的主要存在形式，其总碳的收支主要受溶解平衡与钙化作用的影响。

珊瑚礁的群落构成和功能

通过调查，可以发现整个涠洲岛的珊瑚属种分布比较均匀，其中比较多的是角蜂巢珊瑚、滨珊瑚、蔷薇珊瑚等。

珊瑚礁和红树林、海草床、盐沼湿地一样，在保护生物多样性和保持生态平衡等方面起重要作用。它在维持自身动态平衡的同时，还承担着调节海洋环境、提供海岸保护、阻挡沉积物的功能；它是种群的栖息地和避难所，可以调节热带、亚热带海洋种群食物链的平衡。

珊瑚礁的生物群落是海洋环境中物种最多的生物群落。虽然相对于整个海洋来说，它的面积很小，但生活在其中的海洋生物种类繁多，几乎所有的海洋生物门类都有代表性属种生活在珊瑚礁里面。而对于居住在珊瑚礁附近的居民们来说，珊瑚礁是获取蛋白质的最佳场所。在涠洲岛，珊瑚礁是维持渔业资源、获得商业价值的重要保障。珊瑚礁生态系统还为人类提供了丰富的海洋艺术品。珊瑚礁骨质紧密，经精工雕琢可制成精致的工艺品，如雕刻成戒指、佛珠、项链、耳环等首饰以及人像、花鸟虫鱼、珍禽异兽等艺术珍品。此外，珊瑚礁还可以用作建筑材料，用来装饰房子的墙壁等。

珊瑚礁集热带风光、海洋风光、海底风光、珊瑚花园、生物世界于一体，是发展生态旅游的绝好胜景。珊瑚礁的形态丰富，颜色各异，黄、红、橙、白、紫、蓝、绿等，颜色应有尽有，美丽非凡，构成仙境般的水下奇观，很有观赏价值。在不破坏自然环境的前提下，游客在观赏珊瑚礁的同时，还可看到各种各样的海底植物及海底动物。在涠洲岛，珊瑚礁吸引了大量的游客前来观赏，它不仅促进了旅游业的发展，也为当地的居民提供了许多就业机会。

保护珊瑚礁

近年来，由于遭受人为和自然的双重压力，珊瑚礁出现了不同程度的退化和白化现象。为了唤起人们对珊瑚礁的保护意识，国际上曾将1997年定为"国际珊瑚礁年"。

对于珊瑚礁来说，最大的灾难就是白化。白化是指珊瑚失去了体内共生的虫黄藻或失去体内色素而导致五彩缤纷的珊瑚礁变成白色的生态现象。引起白化的原因是生存环境受高温、高辐射、低温、有毒污染物、病毒等影响，而最主要的原因是全球气候变暖（高辐射），它以影响面积大、破坏严重为主要特点。除自然因素以外，不合理的人类活动导致的泥沙淤积、水污染、炸鱼和滥采集珊瑚活体等，也会使珊瑚礁严重白化。珊瑚礁白化后，海藻大量生长，一方面海藻占据了珊瑚礁的固着体，另一方面藻类覆盖在珊瑚上会造成珊瑚窒息死亡。

因此，无论是为了维持生态系统的完整性与平衡性，还是为了人与自然的和谐发展，对涠洲岛珊瑚礁的保护都迫在眉睫、刻不容缓。

第一，要监测涠洲岛珊瑚礁。通过开展针对涠洲岛珊瑚礁生态系统的调查，对珊瑚礁生态系统进行分级，划分出生态脆弱区域、一般区域以及较旺盛区域；查清珊瑚礁死亡区域、危急区域以及暂时平安区域。同时对珊瑚礁恢复做出评价分析，分为可恢复区域、不可恢复区域以及不需要人工恢复区域等。然后，针对不同情况分别采取相应的保护措施。

第二，合理开发旅游。珊瑚礁生态旅游为涠洲岛带来了新的收入来源，但也带来了破坏，所以要谨慎合理地开发，以保护好珊瑚礁。在开展珊瑚礁海底潜水旅游前，要进行环境影响评估，如果影响太大就不要开发，防止对珊瑚礁造成危害。

第三，建立珊瑚礁保护区。现在涠洲岛只建立了涠洲岛自治区级鸟类自然保护区和涠洲岛火山国家地质公园，尚未建立珊瑚礁保护区，所以应建立珊瑚礁自然保护区，以保护珊瑚礁生态环境和生物多样性。

　　第四，提高人们的保护意识。保护涠洲岛珊瑚礁需要人人参与，因此普及珊瑚礁知识必不可少。要向涠洲岛沿海居民、渔民和游客进行全面宣传教育，普及珊瑚礁科学知识，让公众了解珊瑚礁对当地的自然环境和居民生活质量的长远影响，使大家自觉避免破坏行为并参与保护工作。可以组织青少年开展以认识和保护珊瑚礁生态环境为主题的研学教育等活动，大力推行生态教育，培养具有生态环境保护知识和意识的一代新人。